大众美好生活系列

二十四节气与『飞花令』

张晨雯◎主编

山东科学技术出版社

图书在版编目（CIP）数据

二十四节气与“飞花令”/张晨雯主编．—济南：
山东科学技术出版社，2019.5
（大众美好生活系列）
ISBN 978-7-5331-9777-3

Ⅰ．①二… Ⅱ．①张… Ⅲ．①二十四节气—基本
知识 Ⅳ．① P462

中国版本图书馆 CIP 数据核字（2019）第 014495 号

二十四节气与“飞花令”
ERSHISI JIEQI YU “FEIHUALING”

责任编辑：于　军
装帧设计：侯　宇

主管单位：山东出版传媒股份有限公司
出 版 者：山东科学技术出版社
地址：济南市市中区英雄山路 189 号
邮编：250002　电话：（0531）82098088
网址：www.lkj.com.cn
电子邮件：sdkj@sdpress.com.cn
发 行 者：山东科学技术出版社
地址：济南市市中区英雄山路 189 号
邮编：250002　电话：（0531）82098071
印 刷 者：山东新华印刷厂潍坊厂
地址：潍坊市潍州路 753 号
邮编：261031　电话：（0536）2116806

规格：小 16 开（170mm × 240mm）
印张：8.25　字数：109 千　印数：1~3000
版次：2019 年 5 月第 1 版　2019 年 5 月第 1 次印刷
定价：34.00 元

主　编　张晨雯

副主编　刘　霞　陈　平

编　者　王秀丽　王　静　刘纪军　刘　芹
李玉喜　李炳庆　李　瑞　李慧丽
辛　红　张玲玲　侯　丽　徐　力
徐建桥　高　鹏

编者的话

所谓“美”，自然离不开美学、美感，在你的生活中创造美、发现美，需要你放慢生活的节奏，学会品味生活并且做出智慧的选择。创造美好生活是一种艺术，或者说是一种“魔法”，能够让人的感官或者心理产生愉悦。你只有内心丰盈、恬静，怀着一颗感恩之心，才能注意到、感受到、看到存在于你身边的美。

当前人们的物质和精神生活都极大丰富了，倡导科学、健康、文明的现代科学生活方式，引导人们树立科学的人生观、富而思进，不断提高生活质量，是我们需要思考和研究的课题。我们作为现代人，要了解中国传统文化和传统生活方式，不断取其精华、去其糟粕，重新定位自己的生活方式坐标。本丛书涉及中国传统文化、品质生活、妇幼保健、家庭用药、安全用水用电等方面，让你了解什么是品质生活，如何保持健康向上的生活理念，如何解决生活细节的难题，从而更好地规划人生、品味人生、享受人生。

目 录

第一章 农 历

一、农历常识

农历是我国采用的一种传统历法，是农民安排农事活动的重要依据，科学性、实用性都很强，因此流传至今。农历有二十四节气，可以指导农事活动，主要在广大农村中使用。农历既依据地球回归年所用时间，又依据月相变化而定，以身边的气象与物候条件、农事活动为参照，实用性强，成为四季分明、便于记忆的历法。

农历相传创始于夏代，所以又称为夏历、中历、旧历，民间也称阴历。平年 12 个月，大月 30 日，小月 29 日，全年 354 日或 355 日（一年中哪个月大，哪个月小，年年不同）。由于农历每年的天数比太阳年约差 11 天，所以在 19 年里设置了 7 个闰月，有闰月的年份全年 383 日或 384 日。又根据太阳的位置，把一个太阳年分成二十四节气。纪年用天干地支搭配，60 年周而复始。

1. 现行公历和农历的优缺点

（1）现行公历（格里历）的优点。公历被大多数国家官方所采用，具有通用性。公历属于凭时间周期定义的平历，所以算法简单，天数基本固定，置闰规则。历年和历日协调的好，历年只有 365 日和 366 日两种。历日与太阳高度（直射角度）基本对应，误差只有 1 ~ 2 日。

（2）现行公历的缺点。公元元年在人类历史中期，不便于推算人类历史早期。岁首没有较强的天文学意义。历月的天数有 28 日、29 日、30 日、31 日 4 种，并且排列不规则。置闰法中 400 年 97 闰日没有 128 年 31 闰日简单和精确。由于历月的长度没有明显的天文学意义，所以人为因素很强，甚至可以被人随意更改。由于公历是平历，所以它的历日不与太阳高度一一对应。

（3）现行农历的优点。农历是定历，具有天文年历的特性，能很好地和各种天象对应。如它的节气严格对应太阳高度，历日较严格地对应月相，闰月的不发生频率、发生频率对应地球近日点和远日点。其他天象如日出日落、晨昏蒙影、五星方位、日月食、潮汐等，以及历月也都大致对应太阳高度。农历历月只有29日和30日两种，且由定朔日规定，人为影响因素最小，不易随意改动。岁首具有阴月阳年的天文学意义。干支纪年和十二生肖纪年循环使用。由于农历包含节气，十分有利于四季划分；由于农历包含月相，所以也反映了潮汐、日月食等天象和月亮对气候的影响。同时农历还包含十二节干支历（类似沈括的《十二气历》，比它更准确）和七十二候的特殊太阳历，是一部双轨制历法。由于农历是最彻底的定气定朔天文年历性质的历法，所以其他历法都要与之进行对照。

（4）**农历的缺点**。由于农历是定历，历月使用定朔，所以每年同一历月的天数并不确定，不方便统计天数。历年有 353 日、354 日、355 日、383 日、384 日、385 日 6 种，不利于统计年长。干支循环周期 60 过短。置闰不透明，闰月不确定。

2. 什么是历月

历月是指历法所规定的月，即历书上的月。与实际朔望月不同，历月的长度都必须是整日数，因而有大月和小月之别。这样可保证历月长度尽量接近天文学月的长度。如中国农历历月长度，大月 30 日，小月 29 日，而实际朔望月是 29.530 6 日。

农历月份的别称

1 月：正月、端月、征月、开岁、华岁、早春、孟春、新正。

2 月：命月、如月、丽月、杏月、酣香、仲春。

3 月：蚕月、桃月、桐月、季春、晓春、鸢时、桃良、樱笋时。

4 月：余月、阴月、梅月、清和月、初夏、孟夏、正阳、朱明。

5 月：皋月、榴月、蒲月、仲夏、郁蒸、天中。

6月：且月、焦月、荷月、暑月、伏月、精阳、季夏。

7月：相月、兰月、凉月、瓜月、巧月、孟秋、初秋、早秋。

8月：壮月、桂月、仲秋、中秋、正秋、仲商。

9月：玄月、菊月、青女月、季秋、穷秋、抄秋。

10月：阴月、良月、正阴月、小阳春、初冬、开冬、孟冬。

11月：辜月、畅月、仲冬。

12月：涂月、蜡月、腊月、季冬、暮冬、残冬、末冬、嘉平月。

3. 农历是特殊的阴阳历

这是因为普通阴阳历并不是与太阳历明显结合的，而农历则是把普通阴阳历（农历的历年月日）和特殊太阳历的二十四节气（用太阳黄经度数计，专为农历所用，完全是农历的一部分）有机结合，形成的特殊阴阳历（实际上是综合历）。

要正确地、整体地看待农历的各部分，包括二十四节气（太阳轨道的定位，农历中的阳历部分）、历月（月亮和太阳的位置差，有月相功能，阴历的）、干支历（不是历年、历月干支，而是中国的太阳十二宫，阳历的）、历年（具有阳年和阴月的特性，所以是阴阳历）。

4. 农历历法和历算为什么很“神秘”

农历之所以“神秘”的原因如下：

（1）农历历法和历算是很复杂的，是精确度很高的天文工作，一般人难以计算和掌握。但随着天文历法和数学的普及，计算机的应用，这已不是主要问题。

（2）农历有天象预报的功能，由专业的天文台进行行星轨道计算和观测并公布天文常数。

（3）因为农历在封建社会被统治阶级垄断，所以显得很神秘，现农历被广大人民所用。

5. 中国农历是月先位的

月是年更的时间单位，农历采用“自顶向下”的算历方法：即先考虑年，再考虑月，最后考虑日，采用“自底向上”的排历方法，这也符合人们的习惯。

3 种历法的算历和排历如下：太阳历，年，日日，年；太阴历，月，日日，月；阴阳历，年，月，日日，月，年。

6. 朔望、上弦月、下弦月

农历是以朔望月为依据的，当月亮轨道上绕行到太阳和地球之间，月亮的黑暗半球对着地球，这时叫朔，正是农历每月的初一。当月亮绕行至地球的后面，被太阳照亮的半球对着地球，这时叫望，一般在农历每月的十五或十六日。人们把每个月朔月、望月的循环变化过程称为朔望月。

朔是指月球与太阳的地心黄经相同的时刻，这时月球处于太阳与地球之间，几乎和太阳同起同落，朝向地球的一面因为照不到阳光，所以从地

球上是看不见的。望是指月球与太阳的地心黄经相差 180° 的时刻，这时地球处于太阳与月球之间，月球朝向地球的一面照满阳光，所以从地球上看月球呈光亮的圆形，叫做满月或望月。从朔到下一次朔或者从望到下一次望的时间间隔，称为一朔望月。因为月球绕地球和地球绕太阳的轨道运动都是不均匀的，因此，每两次朔之间的时间是不相等的。观测结果表明，朔望月的长度并不是固定的，有时长达 29 天 19 小时，有时仅为 29 天 6 小时，最长与最短之间约差 13 小时，它的平均长度为 29 天 12 小时 44 分 3 秒。在中国古代历法中，把包含朔时刻的那一天叫做朔日，把有望时刻的那一天叫做望日，并以朔日作为一个朔望月的开始。在历日的安排中，通常为大小月相间，经过 15 ~ 17 个月，接连有两个大月。

由朔到望之间，月亮位于太阳以东，月地日的夹角为 90° 时，人们只能看到月亮亮半球的西一半，呈半圆形，称为上弦。一般出现在阴历的每月初八前后，叫上弦月。

由望到朔之间，月亮位于太阳以西，月地日的夹角为 90° 时，人们只能看到月亮亮半球的东一半，呈半圆形，称为下弦。一般出现在阴历的每月二十三前后，叫下弦月。

7. 农历的闰月

农历设置闰月是为了协调回归年与农历年的矛盾。回归年为 365.242 2 日，朔望月为 29.530 6 日。12 个朔望月构成农历年，29.530 6 × 12=354.367 2 日，比回归年少 10.88 天（即将近 11 天），每个月少 0.91 天（近 1 天）。例如，农历年某年春节为大雪纷飞的冬天，第二年的春节就会在季节上提前 11 天，第 16 个农历年就会出现在赤日炎炎的夏天。如按 13 个朔望月构成农历年，29.530 6 × 13=383.897 8 日，比回归年又多出 18 天多。如果按上述规定制定历法，就会出现天时与历法不合、时序错乱的怪现象，这就是矛盾。为了克服这一缺点，我们的祖先在天文观测的基础上，找出了“闰月”的办法，保证农历年的正月到 3 月为春季，4 ~ 6 月为夏季，7 ~ 9 月为秋季，

10 ~ 12 月为冬季，也同时保证了农历岁首在冬末春初。

农历年中月是以朔望月 29.530 6 日为基础，大月为 30 日，小月为 29 日。为保证每月的头一天（初一）必须是朔日，就使得大小月的安排不固定，需要通过精确的观测和计算来确定。因此，农历中连续两个月是大月或是小月是常有的，甚至还出现过 1990 年 3 月、4 月是小月，9 月、10 月、11 月、12 月连续 4 个月是大月的罕见特例。

农历闰哪个月，决定于一年中的二十四节气。我国农历将二十四节气分为十二节气和十二中气。二十四节气在农历中的日期是逐月推迟的，于是有的农历月份中气落在月末，下个月就没有中气。一般每过两年多就有一个没有中气的月，这正好和需要加闰月的年头相符，所以农历就规定把没有中气的那个月作为闰月。

8. 现行农历为什么没有“闰正月”和“闰十二月”

现行农历采用定朔和定气编排月日，而定朔和定气的时刻又是依据准确的轨道来计算的，地球公转轨道是个椭圆，所以地球运转速度有快有慢。在近日点时刻运转速度最快，所以公转扫过的角度也就最快。节气（对应地面上太阳直射某个纬度圈）和地球公转扫过的角度有密切关系，地球公转扫过的角度越快，经过公转轨道上的各节气点时间间隔就越短。相反，地球公转扫过的角度越慢，经过公转轨道上的各节气点的时间间隔越长。所以，在近日点附近（在冬至后的 13 天左右）节气的时间间隔就可能小于两个定朔日（一个农历月的天数）的间隔时间，这样在近日点附近的农历月没有中气的可能性很小。农历十二月和正月就在近日点附近，所以成为闰月的机会就会更小；相反，在远日点（在夏至后的 13 天左右）附近节气的时间间隔就可能大于两个定朔日（一个农历月的天数）的间隔时间，所以在远日点附近的农历五、六、七月出现没有中气的机会很多，农历就多闰五月、六月、七月。从 1645 年至今，闰正月和闰十二月一次都没出现过。

实际上，近日点就是农历的“闰衰”点，而远日点是农历的“闰盈”点。

现行农历闰月出现的频率反映了地球近日点和远日点的变化，所以农历闰月是有很强的天文意义的。

9. 为什么有的年份没有立春

公历是以地球围绕太阳公转制订的，地球公转一圈为一个回归年（365.24 天），共有 24 个节气，“立春”位于节气之首。节气属阳历范畴。而农历是根据朔望月（29.53 天）制订的，农历以 12 个朔望月为一年（354 天），比阳历少 11 天。照此下去，十多年后，农历和阳历的季节就会“阴差阳错”。

为使农历与阳历一致，而设置了闰月。凡是农历闰年，都有 25 个节气，其中两个是“立春”；农历平年，有时就只有 23 个节气。

农历“双春”、“单春”、“无春”是有规律可循的。凡农历闰年都包含 25 个节气，都是“双春”年。农历的“双春”年和“无春”年是紧密相连的。如农历 1996 年有两个立春节气，农历 1997 年（牛年）就是“无春”年，农历 2001 年（蛇年）“双春”，次年马年就是“无春”年。在每个周期中，

“双春”年和“无春”年各有 7 年，而“单春”年仅有 5 年。所以说，“单春”或“双春”都是常见的历法现象。历法中将“无春”年称为盲年。

10. 四季的划分

我们按照气温和物候，将一年划分为春、夏、秋、冬四季，但四季的划分有不同的标准。

（1）天文学分法：以 4 个中气即“二至二分”春分、夏至、秋分、冬至分别作为四季的开始，是按农历节气的一种分法。

（2）中国古代分法：多用“四立”节气立春、立夏、立秋、立冬作为四季的开始，也是按农历节气的一种分法。

（3）公历（格里历）的分法：一般以 1 月为最冷月，7 月为最热月，故以公历 3 月、4 月、5 月为春季，6 月、7 月、8 月为夏季，9 月、10 月、11 月为秋季，12 月、1 月、2 月为冬季。这种四季的分法，较适宜于四季分明的温带地区，此分法适用性差。

（4）农历的分法：以农历的正月、2 月、3 月为春季，4 月、5 月、6 月为夏季，7 月、8 月、9 月为秋季，10 月、11 月、12 月为冬季。这种划分方法也存在适用性差的问题。

（5）候温法：1934 年中国学者张宝坤结合物候现象与农业生产，提出了另一种分季方法。他以候（每 5 天为一候）平均气温稳定降低到 10℃以下，作为冬季的开始；候平均气温稳定上升到 22℃以上，作为夏季开始。候平均气温从 10℃以下稳定上升到 10℃以上时，作为春季开始。从 22℃以上稳定下降到 22℃以下时，作为秋季开始。即候平均气温≤ 10℃为冬季，10 ~ 22℃为春季，≥ 22℃为夏季，22 ~ 10℃为秋季。这种分季方法，适合各地的具体气候和农业情况，故应用较多。按这种划分法，有很多地方就不一定有四季，可能有三季、二季，或只有一季。

（6）按物候划分法：这是按照当地的物候和气象划分季节的方法，如在我国有的地区就把一年划分为“干”、“雨”、“风”三季等。

11. 二十四节气在农历中的重要地位

二十四节气在农历的地位是非常重要的。首先，在推算农历时“冬至”是处于首要地位的，确定了冬至，也就确定了农历的年长（年长是 12 个月，还是 13 个月）。在现今的农历计算中，“春分”也是非常重要的（回归年是以它为起点的）。另外，十二中气都是农历历月的标志，也是农历置闰的重要依据。十二节气中的“四立”是我国传统四季的起点。在农历历月中都标注节气，这是农历有别于国外其他阴阳合历的地方。

另外，农历节气是以黄经度数计算的“真节气”，精度很高。

12. 二十四节气的由来和划分

二十四节气起源于黄河流域，早在春秋时代，就定出仲春、仲夏、仲秋和仲冬四节气，经过不断改进与完善，到秦汉年间二十四节气已完全确立。公元前 104 年，由邓平等制定的《太初历》，正式把二十四节气定于历法，明确了二十四节气的天文位置。地球公转平面投影到天球上形成的坐标系，称为黄道坐标系。黄经，指这个坐标系的天球经度。按天文学惯例，以春分点为起点自西向东度量，分为 360 度。把太阳黄经的 360 度划分成 24 等份，每份 15 度，即为一个节气。两个节气间相隔日数为 15 天左右，全年即有二十四节气。节气起点以后的 24 小时是本节气的节气日，从起点到终点的日期是本节气的节气期。节气的起点时刻，是天文部门根据地球围绕太阳运转的速度计算出来的，而且每年都有所变动。

地球围绕太阳运行一周的时间为 365 天 5 小时 48 分 46 秒；一年二十四节气，每个节气平均应为 15.02 天，但实际并非如此。原因是地球绕太阳运行的轨道是个略椭圆形，日地距离之差对地球的运行速度有明显的影响。地球每年在运行到近日点时（1 月 3 日前后），因太阳对地球的引力加大，地球的运行速度较快，运行到黄经度 15 度需要的日期缩短，节气日期是 14 ~ 15 天；当运行到远日点时（即 7 月 4 日前后），因太阳对地球的引力减小，地球的运行速度较慢，运行到黄经度 15 度需要的日期延长，节气日期是 15 ~ 16 天。这就是小寒节气日期是 14 天，而小暑节气日期是 16 天的根本原因。

对于二十四节气交节气时间，中国古代用日影长短的变化和北斗星斗柄的指向来推算，日期可以确定。中国古代是以农历年、月、日，以“地支”子、丑、寅、卯、辰、巳、午、未、申、酉、戌、亥计时；在定每年每个节气交节气时间时，以地支的时辰来表示。二十四节气又分为 12 个节气和 12 个中气，一一相对。立春为第一个，位于奇数序列的为节气，位于偶数序列的为中气。二十四节气反映了太阳的周年视运动，所以在公历中它们的日期是相对固定的。

春季：立春，2 月 3 日 ~ 2 月 5 日；雨水，2 月 18 日 ~ 2 月 20 日；惊蛰，3 月 5 日 ~ 3 月 7 日；春分，3 月 20 日 ~ 3 月 22 日；清明，4 月 4 日 ~ 4 月 6 日；谷雨，4 月 19 日 ~ 4 月 21 日。夏季：立夏，5 月 5 日 ~ 5 月 7 日；小满，5 月 20 日 ~ 5 月 22 日；芒种，6 月 5 日 ~ 6 月 7 日；夏至，6 月 21 日 ~ 6 月 22 日；小暑，7 月 6 日 ~ 7 月 8 日；大暑，7 月 22 日 ~ 7 月 24 日。秋季：

立秋，8月7日～8月9日；处暑，8月22日～8月24日；白露，9月7日～9月9日；秋分，9月22日～9月24日；寒露，10月8日～10月9日；霜降，10月23日～10月24日。冬季：立冬，11月7日～11月8日；小雪，11月22日～11月23日；大雪，12月6日～12月8日；冬至，12月21日～12月23日；小寒，1月5日～1月7日；大寒，1月20日～1月21日。

农历根据月亮的盈亏变化定月，平年12个月，6个大月30天，叫“大尽”；6个小月各29天，叫“小尽”；全年354天。这比太阳年 t（365.242 2天）要少约10天21小时。为此，古人采用加闰月的方法，使历年的平均长度和回归年的长度接近，在19个历年中加入7个闰月；有闰月的那年有13个月，共384天或385天，叫做闰年。19个阴历年和19个回归年的长度几乎相等，7个闰月一般在第3、6、9、11、14、17、19年。中国传统的农历与二十四节气已经融为一体。节气是按太阳的运行轨迹制定的，由于它的存在，使得农历既可以根据月亮周期去判断日数、潮汐、动植物生长周期等，又可以根据节气去判断农牧业情况。

从二十四节气的命名可以看出，节气划分充分考虑了季节、气候、物候等自然现象的变化。其中，立春、立夏、立秋、立冬、春分、秋分、夏至、冬至是用来反映季节的，将一年划分为春、夏、秋、冬四季。春分、秋分、夏至、冬至是从天文角度来划分的，反映了太阳高度变化的转折点。立春、立夏、立秋、立冬则反映了四季的开始。由于中国地域辽阔，具有非常明显的季风性和大陆性气候，各地气候差异巨大，因此，不同地区的四季变化也有很大差异。

13. 二十四节气的名称及含义

立春：太阳黄经为315°。立春是二十四节气的首个节气，含意是开始进入春天，“阳和起蛰，品物皆春”。过了立春，万物复苏、生机勃勃，一年四季从此开始。

雨水：太阳黄经为330°。这时春风遍吹、冰雪融化、空气湿润、雨水增多，所以叫雨水。人们常说："立春天渐暖，雨水送肥忙。"

惊蛰：太阳黄经为345°。这个节气表示"立春"以后天气转暖，春雷开始震响，蛰伏的冬眠动物都苏醒活动起来，所以叫惊蛰。这个时期过冬的虫卵也要开始孵化。我国部分地区进入了春耕季节。谚语云："惊蛰过，暖和和，蛤蟆老角唱山歌。""惊蛰一犁土，春分地气通。""惊蛰没到雷先鸣，大雨似蛟龙。"

春分：太阳黄经为0°。春分日太阳在赤道上方。这是春季90天的中分点，这一天南北两半球昼夜相等，所以叫春分。这天以后阳光直射位置便向北移，北半球昼长夜短，所以春分是北半球春季的开始，我国大部分地区越冬作物进入春季生长阶段。各地农谚有："春分在前，斗米斗钱"（广东），"春分甲子雨绵绵，夏分甲子火烧天"（四川），"春分有雨家家忙，先种瓜豆后插秧"（湖北），"春分种菜，大暑摘瓜"（湖南），"春分种麻种豆，秋分种麦种蒜"（安徽）。

清明：太阳黄经为15°。此时气候清爽温暖，草木始发新枝芽，万物开始生长，农民忙于春耕春种。在清明节这一天，人们都在门口插上杨柳条，还到郊外踏青、祭扫坟墓。

谷雨：太阳黄经为30°。谷雨就是雨水生五谷的意思，谚语云：“谷雨前后，种瓜种豆。”

立夏：太阳黄经为45°。立夏是夏季的开始，气温显著升高，炎暑将临，雷雨增多，农作物进入旺季生长时期。

小满：太阳黄经为60°。从小满开始，大麦、冬小麦等夏收作物已经结果、子粒饱满，但尚未成熟。

芒种：太阳黄经为75°。这时最适合播种有芒的谷类作物，如晚谷、黍、稷等。如过了这个时候再种有芒和作物，就不好成熟了。同时，“芒”指有芒作物，如小麦、大麦等，“种”指种子。芒种即表明小麦等有芒作物成熟。芒种前后，我国中部的长江中下游地区雨量增多、气温升高，进入连绵阴雨的梅雨季节。天气异常闷热，各种器具和衣物容易发霉，所以，在我国长江中下游地区“梅雨”期也叫“霉雨”期。

夏至：太阳黄经为90°。阳光几乎直射北回归线，北半球正午太阳最高。这一天是北半球白昼最长、黑夜最短的一天，天地万物生长最旺盛。所以，古时候又把这一天叫做日北至，意思是太阳移动到最北的一日。过了夏至，太阳逐渐向南移动，北半球白昼一天比一天缩短，黑夜一天比一天加长。

小暑：太阳黄经为105°。天气已经很热，但不到最热的时候，所以叫小暑。此时已是初伏前后。

大暑：太阳黄经为120°。大暑是一年中最热的节气，正值二伏前后，长江流域经常出现40℃的高温天气，要做好防暑降温工作。这个节气雨水多，“小暑、大暑，淹死老鼠”，要注意防汛防涝。

立秋：太阳黄经为135°。从这一天起秋天开始，秋高气爽、月明风清，气温逐渐下降。

处暑：太阳黄经为150°。这时夏季火热已经到头了，暑气就要散了。处暑是气温下降的一个转折点，表示气候转凉、暑天终止。

白露：太阳黄经为 165° 。天气转凉，地面水汽结露最多。

秋分：太阳黄经为 180° 。秋分这一天同春分一样，阳光直射赤道，昼夜相等。从这一天起，阳光直射位置继续由赤道向南半球推移，北半球开始昼短夜长。依我国旧历的秋季论，这一天刚好是秋季 90 天的一半，因而称秋分。但在天文学上规定，北半球的秋季是从秋分开始的。

寒露：太阳黄经为 195° 。白露后天气转凉，开始出现露水。到了寒露，则露水日多，且气温更低了。所以，有人说："寒是露之气，先白而后寒"，水汽则凝成白色露珠。

霜降：太阳黄经为 210° 。天气已冷，开始有霜冻了，所以叫霜降。

立冬：太阳黄经为 225° 。习惯上，人们把这一天当做冬季的开始。冬，是终了之意，指一年的田间操作结束了，作物收割后要收藏起来。立冬一过，我国黄河中下游地区即将结冰，农民都将陆续地转入农田水利基本建设和其他农事活动中。

小雪：太阳黄经为 240° 。气温下降，开始降雪，但还不到大雪纷飞的时节，所以叫小雪。小雪前后，黄河流域开始降雪（南方降雪还要晚两个节气），而北方已进入封冻季节。

大雪：太阳黄经为 255° 。大雪前后，黄河流域一带渐有积雪，而北方已是"千里冰封，万里雪飘荡"的严冬了。

冬至：太阳黄经为 270° 。冬至这一天，阳光几乎直射南回归线，北半球白昼最短、黑夜最长，开始进入数九寒天。天文学规定这一天是北半球冬季的开始。冬至以后，阳光直射位置逐渐向北移动，北半球的白天就逐渐长了，谚语云："吃了冬至面，一天长一线。"

小寒：太阳黄经为 285° 。小寒以后，开始进入寒冷季节。冷气积久而寒，小寒是天气寒冷，但还没有到极点的意思。

大寒：太阳黄经为 300° 。大寒是一年中最冷的时节，正值"三九"刚过，四九之初。谚语云："三九四九不出手。"

大寒以后，立春接着到来，天气渐暖。至此地球绕太阳公转了一周，完成了一个循环。

14. 农历中的杂节气

冬九九：从冬至日起一九，每九为九日，共九九八十一日。

夏九九：从夏至日起一九，每九为九日，共九九八十一日。

三伏：夏至日后（不含夏至日）第三个庚日为初伏，第四个庚日为中伏，立秋日后（不含立秋日）第一个庚日为末伏。

入梅：芒种日起第一个丙日。

出梅：小暑日起第一个未日。

春社：立春日后第五个戊日。

秋社：立秋日后第五个戊日。

此外，还有大小分龙、分龙雨、三时、花信风等。

15. 什么是七十二候

有了二十四节气之后，我国人民又将节气细化为候，三候为一节（气），一年为七十二候。候是农历中更小的阳历单位，每候均以一个物候现象相对应，称候应。其中，植物候应有植物的幼芽萌动、开花、结实等；动物候应有动物的始振、始鸣、交配、迁徙等；非生物候应有始冻、解冻、雷始发声等。七十二候候应的依次变化，反映了一年中气候变化的一般情况。

候是节气的必要补充，它与二十四节气一起构成了我国农历的阳历成分，是农历的特殊太阳历系统。

立春：立春之日东风解冻，又五日蛰虫始振，又五日鱼上冰（鱼陟负冰）。

雨水：雨水之日獭祭鱼，又五日鸿雁来（候雁北），又五日草木萌动。

惊蛰：惊蛰之日桃始华，又五日鸣，又五日鹰化为鸠。

春分：春分之日玄鸟至，又五日雷乃发声，又五日始电。

清明：清明之日萍始生，又五日鸣鸠拂其羽，又五日戴胜降于桑。

谷雨：谷雨之日桐始华，又五日田鼠化为，又五日虹始见。

立夏：立夏之日蝼蝈鸣，又五日蚯蚓出，又五日王瓜生。

小满：小满之日苦菜秀，又五日靡草死，又五日小暑至（麦秋至）。

芒种：芒种之日螳螂生，又五日鵙始鸣，又五日反舌无声。

夏至：夏至之日鹿角解，又五日蜩始鸣，又五日半夏生。

小暑：小暑之日温风至，又五日蟋蟀居壁，又五日鹰乃学习（鹰始挚）。

大暑：大暑之日腐草为萤，又五日土润溽暑，又五日大雨行时。

立秋：立秋之口凉风至，又五口白露降，又五口寒蝉鸣。

处暑：处暑之日鹰乃祭鸟，又五日天地始肃，又五日禾乃登。

白露：白露之日鸿雁来，又五日玄鸟归，又五日群鸟养羞。

秋分：秋分之日雷始收声，又五日蛰虫坯户，又五日水始涸。

寒露：寒露之日鸿雁来宾，又五日雀入大水为蛤，又五日菊有黄花。

霜降：霜降之日豺乃祭兽，又五日草木黄落，又五日蛰虫咸俯。

立冬：立冬之日水始冰，又五日地始冻，又五日雉入大水为蜃。

小雪：小雪之日虹藏不见，又五日天气上腾、地气下降，又五日闭塞而成冬。

大雪：大雪之日鹖不鸣，又五日虎始交，又五日荔挺生。

冬至：冬至之日蚯蚓结，又五日麋角解，又五日水泉动。

小寒：小寒之日雁北乡，又五日鹊始巢，又五日雉始。

大寒：大寒之日鸡始乳，又五日征鸟厉疾，又五日水泽腹坚。

16. 花信风和花朝

这是我国江淮地区按农历的候，以花开为指示气温和指导生产生活的杂节气。

二十四候花信风——以梅花为首，楝花为终。自小寒至谷雨共八气，125 日，每 5 日为一候，计二十四候，每候对应一种花信。

小寒，一候梅花，二候山茶，三候水仙；

大寒，一候瑞香，二候兰花，三候山矾；

立春，一候迎春，二候樱桃，三候望春；

雨水，一候菜花，二候杏花，三候李花；

惊蛰，一候桃花，二候棠花，三候蔷薇；

春分，一候海棠，二候梨花，三候木兰；

清明，一候桐花，二候麦花，三候柳花；

谷雨，一候牡丹，二候酴醾，三候楝花。

楝花排在最后，表明楝花开罢，花事已了。

花朝节：在我国有花朝节，亦称花日，是纪念百花仙子的节日。各地花朝节的时间虽有不同，但均在农历二月的某日。如洛阳以二月初二为花朝节，苏吴之地在二月十二日，浙越之地在“仲春十五”（农历二月十五）。

17. 三九与何时入九

“三九”是指冬至后的第三个九天，在 1 月中下旬。“三九”天为什么最冷呢？这要从地面吸收和散发的热量来看。冬季这时候虽然白昼短，地面吸收的太阳辐射热量最少，但地面散发的热量还多于吸收的热量，近地面的气温还要继续低下去。当地面吸收到的太阳辐射热量几乎等于地面散发的热量，气温才达到最冷。到“三九”以后，地面吸收的热量又多于地面散失的热量，近地面的气温也随着逐渐回升。因此，一年中最冷的时候一般出现在冬至后的“三九”前后。

冬至这一天开始数九，这就是人们所说的“提冬数九”。数上 9 天是一九，再数 9 天是二九……数到“九九”就算“九”尽了，“九尽杨花开”，那时天就暖了。

18. 三伏与何时入伏

“三伏”是指初伏、中伏和末伏，从 7 月中旬到 8 月中旬。夏至以后，虽然白天渐短、黑夜渐长，但是一天当中，白天还比黑夜长，每天地面吸收的热量仍比散发的多，近地面的温度也就一天比一天高。到“三伏”期间，地面吸收的热量几乎少于散发的热量，天气也就最热了。再往后，地面吸收的热量开始少于地面散发的热量，温度也就慢慢下降了。所以，一年中最热的时候一般出现在夏至的“三伏”。

从夏至后第三个“庚”日算起，初伏（10 天）、中伏（10 天或 20 天）、末伏（立秋后的第一个庚日算起，10天）是一年中天气最热的时期。

二、天干地支

1. 干支记法

在中国古代的历法中，甲、乙、丙、丁、戊、己、庚、辛、壬、癸被称为“十天干”，子、丑、寅、卯、辰、巳、午、未、申、酉、戌、亥叫做“十二地支”。二者按固定的顺序互相配合，组成了干支纪法。从殷墟出土龟甲上的甲骨文来看，天干地支在我国古代主要用于纪日，还曾用来纪月、纪年、纪时等。

天干地支的含义，在《史记》《汉书》中均有部分记载。

甲是拆的意思，指万物剖符甲而出也。

乙是轧的意思，指万物出生，抽轧而出。

丙是炳的意思，指万物炳然著见。

丁是强的意思，指万物丁壮。

戊是茂的意思，指万物茂盛。

己是纪的意思，指万物有形可纪识。

庚是更的意思，指万物收敛有实。

辛是新的意思，指万物初新皆收成。

壬是任的意思，指阳气任养万物之下。

癸是揆的意思，指万物可揆度。

由此可见，十天干与太阳出没有关，而太阳的循环往复周期对万物生长有着直接的影响。

十二地支的含义：子是兹的意思，指万物兹萌于既动之阳气下。

丑是纽，阳气在上未降。

寅是移、引的意思，指万物始生寅然也。

卯是茂，言万物茂也。

辰是震的意思，物经震动而长。

巳是起，指阳气之盛。

午是仵的意思，指万物盛大枝柯密布。

未是味，万物皆成有滋味也。

申是身的意思，指万物的身体都已成就。

酉是老的意思，万物之老也。

戌是灭的意思，万物尽灭。

亥是核的意思，万物收藏。

2. 六十甲子

以天干和地支按顺序相配组合，从“甲子”起，到“癸亥”止，满六十为一周，称为“六十甲子”。

六十甲子

01 甲子	11 甲戌	21 甲申	31 甲午	41 甲辰	51 甲寅
02 乙丑	12 乙亥	22 乙酉	32 乙未	42 乙巳	52 乙卯
03 丙寅	13 丙子	23 丙戌	33 丙申	43 丙午	53 丙辰
04 丁卯	14 丁丑	24 丁亥	34 丁酉	44 丁未	54 丁巳
05 戊辰	15 戊寅	25 戊子	35 戊戌	45 戊申	55 戊午
06 己巳	16 己卯	26 己丑	36 己亥	46 己酉	56 己未
07 庚午	17 庚辰	27 庚寅	37 庚子	47 庚戌	57 庚申
08 辛未	18 辛巳	28 辛卯	38 辛丑	48 辛亥	58 辛酉
09 壬申	19 壬午	29 壬辰	39 壬寅	49 壬子	59 壬戌
10 癸酉	20 癸未	30 癸巳	40 癸卯	50 癸丑	60 癸亥

3. 干支纪时

干支纪时制是中国传统历法的重要组成部分，一日有 24 小时，而干支历法则以 12 个时辰来表示，即一时辰是 2 小时。

子时（夜 11 ~ 12 点）：据说老鼠是深夜里最活跃的动物，所以子时属鼠。

丑时（后半夜 1 ~ 2 点）：据说牛是最早耕地的家畜，所以丑时属牛。

寅时（后半夜3～4点）：寅字解析为害怕的意思，古人最怕的动物是老虎，所以寅时属虎。

卯时（早晨5～6点）：卯时属兔。

辰时（早晨7～8点）：辰时属龙。

巳时（上午9～10点）：据说蛇最爱在此时利用青草作掩护，所以巳时属蛇。

午时（上午11～12点）：午时阳气到顶、阴气始生，正是骏马驰骋的时候，所以午时属马。

未时（下午1～2点）：据说羊在未时吃过的草，草根再生力很强，所以未时属羊。

申时（下午3～4点）：天快晚了，猴要呻叫，所以申时属猴。

酉时（下午5～6点）：此时正当日没月出之际，古有“太阳金鸡”的传说，所以酉时属鸡。

戌时（晚7～8点）：夜的开始，犬守夜，所以戌时属犬。

亥时（晚9～10点）：据说亥时天地最混沌，而猪爱睡觉，混沌不清，所以亥时就属猪。

4. 干支纪日、干支纪月、干支纪年

干支纪日是一种长期不间断的纪日方法，甲子为第一日，乙丑为第二

日，丙寅为第三日……60 日大致合 2 个月为一个周期。一周完了再由甲子日起，周而复始，循环下去。

干支纪月指在农历中用干支记录月序。一般只用地支纪月，每月固定用十二地支表示。把冬至所在月称为“子月”，下一个月称为“丑月”，以此类推。

干支纪年指每个干支为一年，当天干 10 个符号排了六轮与地支 12 个符号排了五轮以后，可构成60干支，周而复始。我国的十二地支对应着“十二生肖”。凡是含有“子”的干支年，就是“鼠年”，这一年出生的人都是属“鼠”；凡是含有“丑”的干支年就是“牛年”，这一年出生的人都是属“牛”。如子鼠、丑牛、寅虎、卯兔、辰龙、巳蛇、午马、未羊、申猴、酉鸡、戌狗、亥猪等。

三、天文地理

1. 现行农历推算需要的天文点

因为现行农历是定历，所以农历的推算需要以下天文点的时刻和黄经：月球近地点，月球远地点，日月合朔点，地球近日点，地球远日点，二十四节气各点，上弦月点，望月点，下弦月点，还有地球公转到某特定点的时刻等。

现行农历是由中国科学院紫金山天文台利用现今最精确的农历数据算出和排出的，使用的是现代先进轨道计算方法。

2. 如何计算朔望月的周期

利用日月交合方程：

$$1/S=1/T-1/E$$

其中，S 是朔望月，T 是恒星月，E 是恒星年。

3. 为什么朔望月要比恒星月要长两天多

月亮绕地球一周后再回到相对地球的这一位置时，就是 27 天 7 小时 43

分11秒，这一长度叫做“恒星月”。朔望月（月相周期）等于29.530 59日，而恒星月等于27.321 66日，二者相差两天多，这是因为在月球绕地球旋转一周的同时，地球还带着它绕太阳旋转了一定角度的缘故。可见，朔望月并不是由月亮决定，而是由太阳黄经和月亮黄经的差来决定的。

4. 现行农历闰月包含的天文学意义

由于现行农历的节气是定气，而农历又是中气置闰法，所以农历闰月也有其天文学意义。农历闰月出现的次数，间接体现一个不明显的天文量（即近年点和地球近日点）。大多数农历闰月每隔约19年就后移，充分体现了地球近日点的东移和春分点的西移。农历闰五月特别多和农历的十二月现今没闰月的事实，体现了近日点在农历的十一月或十二月，远日点在农历五月或六月。

5. “地球绕太阳转一周就是一年”的说法确切吗

“地球绕太阳转一周就是一年”是近似的模糊说法。因为我们常用历法的平均历年都是和“回归年”相靠近的，而“地球绕太阳转一周”实际上指“恒星年”（为365日6时6分9秒）而言，它和回归年（为365日5时48分56秒）存在一个岁差，所以这种说法就不严格了。

6. 观测日月食

日月食是较重要的天文学现象，具有很重要的科研价值。利用它可以校正天文常数，提高天文计算的精度；有利于观测月球和太阳的状态，如对太阳大气的观测等。日食一定发生在朔日（即农历初一），月食一定发生在望日（即在农历十四至十七），以十五、十六居多。黄（道）白（道）交点和日月合朔，日月交望点会合，就会发生“日食”或“月食”。

一次日月全食或日环食，包括初亏、食既、食甚、生光、复圆5个时期。一次日月偏食只有初亏、食甚和复圆3个时期。

（1）月食的过程。

初亏：月球刚接触地球本影，标志着月食开始。

食既：月球的西边缘与地球本影的西边缘内切，月球刚好全部进入地球本影内。

食甚：月球的中心与地球本影的中心最近。

生光：月球东边缘与地球本影东边缘相内切，这时全食阶段结束。

复圆：月球的西边缘与地球本影东边缘相外切，这时月食全过程结束。

（2）日食的过程。

初亏：由于月亮自西向东绕地球运转，所以日食总是从太阳圆面的西边缘开始的。当月亮的东边缘刚接触到太阳圆面的瞬间（即月面的东边缘与月面的西边缘相外切），称为初亏。初亏也就是日食过程开始的时刻。

食既：从初亏开始，就是偏食阶段了。月亮继续往东运行，太阳圆面被月亮遮掩的部分逐渐增大，阳光的强度与热度显著下降。当月面的东边缘与日面的东边缘相内切时，称为食既。此时整个太阳圆面被遮住，因此，食既也就是日全食开始的时刻。

食甚：食既以后，月轮继续东移，当月轮中心和日面中心相距最近时，就达到食甚。对日偏食来说，食甚是太阳被月亮遮去最多的时刻。

生光：月亮继续往东移动，当月面的西边缘和日面的西边缘相内切的瞬间，称为生光，是日全食结束的时刻。

复圆：生光之后，月面继续移离日面，太阳被遮蔽的部分逐渐减少，当月面的西边缘与日面的东边缘相切的刹那，称为复圆。

日食的发生在同一地点只有几分钟，而月食却能长达 4 个小时之久，这是因为月球影子（日食）的直径比地球影子（月食）的直径小得多的缘故。

日月交食周期（即朔望月与交点月的公倍数）：三统历周期，135 个朔望月；沙罗周期，223 个朔望月；纽康周期，358 个朔望月。纽康周期，我国早在唐代的《五纪历》就已记载（周期是纽康的 2 倍）。利用交食周期，只能预推日月食发生的大概日期和情况。

7. 潮汐

古代称白天的海浪为“潮”，晚上的海浪称为“汐”，合称为“潮汐”。潮汐与太阳、月球都有关系，也和我国传统农历对应。在农历每月的初一即朔点时刻处，太阳和月球在地球的一侧，所以就有了最大的引潮力，所以会引起“大潮”；在农历每月的十五或十六附近，太阳和月亮在地球的两侧，太阳和月球的引潮力“你推我拉”，也会引起“大潮”；在月相为上弦和下弦时，即农历的初八和二十三时，太阳引潮力和月球引潮力互相抵消了一部分，所以就发生了“小潮”。故农谚中有“初一、十五涨大潮，初八、二十三到处见海滩”之说。由于月球每天在天球上东移 13° 多，合计为 50 分钟左右，即每天月亮上中天时刻（为一太阴日 =24 时 50 分）推迟 50 分钟左右（下中天也会发生潮水，一般每天都有两次潮水），故每天涨潮的时刻也推迟 50 分钟左右。但由于月球和太阳运动的复杂性，有时大潮可能推迟 1 天或几天，一太阴日间的高潮也往往落后于月球上中天或下中天时刻 1 小时或几小时，有的地方一太阴日就发生一次潮汐。

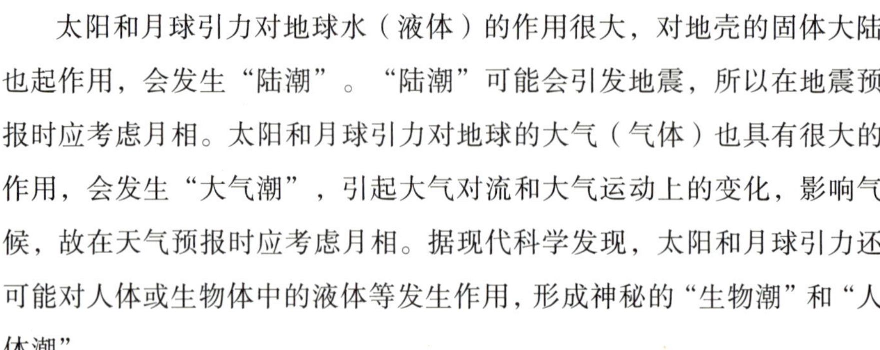

太阳和月球引力对地球水（液体）的作用很大，对地壳的固体大陆也起作用，会发生“陆潮”。“陆潮”可能会引发地震，所以在地震预报时应考虑月相。太阳和月球引力对地球的大气（气体）也具有很大的作用，会发生“大气潮”，引起大气对流和大气运动上的变化，影响气候，故在天气预报时应考虑月相。据现代科学发现，太阳和月球引力还可能对人体或生物体中的液体等发生作用，形成神秘的“生物潮”和“人体潮”。

8. 常见的月相

月相是依据日月黄经差度数（以下的度数就是日月黄经差值）来推算的，共划分为 8 种。

新月（农历初一日，即朔日）：0°；

上峨眉月（农历的初二夜至初七）：0° ~ 90°；

上弦（农历初八左右）：90°；

凸月（农历初九至十四）：90° ~ 180°；

满月（望日，农历十五夜或十六左右）：180°；

残月（农历十六至二十三）：180° ~ 270°；

下弦（农历二十三左右）：270°；

下峨眉月（农历二十四至月末）：270° ~ 360°；

另外，农历月最后一天称为晦日，即不见月亮。

新月（农历初一）、上弦（农历初八左右）、满月（农历十五左右）、下弦（农历二十三左右）为主要月相，都有明确的发生时刻，是经过精密的轨道计算得出的。

四、中国传统节日的习俗

1. 农历的传统节日

正月初一：春节，古代有元日、元旦、元正、元辰、元朔、三元、三朝、三正、正旦、正朔等 30 多种名称。

正月初五：路神生日。

正月十五：上元节（元宵节）。

二月初二：春龙节，又叫龙抬头、青龙节。

二月十五：花朝节。

清明节的前一天：寒食节。

三月初三：上巳节。

春分后十五：清明节（现定阳历四月五日）。

五月初五：端午节。

六月二十二：夏至节。

六月六：晒伏节，“六月六，看谷秀”。在古代还是另外一个节日，名叫天贶（赐赠的意思）节。

七月七：习称七夕、七月七、乞巧节。

七月十五：中元节，又称鬼节。

七月三十：地藏节。

八月十五：中秋节。

九月九：重阳节。

十月初一：十月朝，又称祭祖节。

十月十五：下元节。

十一月二十二：冬至。

十二月八：腊八节。

腊月二十三：祭灶节、祀灶日，俗称“过小年”，亦称小年、小年下、小年节。

腊月的最后一天：年除日、除日，除日晚上叫除夕、大年夜、大节夜、大尽等，民间称年三十、大年三十。

2. 春节

春节是中国民间最隆重、最富有特色、最热闹的传统节日。一般指正月初一，是一年的第一天，俗称“过年”。但在民间，传统意义上的春节是指从腊月初八的腊祭（或腊月二十三或二十四的祭灶）到正月十五，其中以除夕和正月初一为高潮。在春节期间，都要举行各种活动以示庆祝，如祭奠祖先、除陈布新、迎禧接福、祈求丰年等。

（1）扫尘。“腊月二十四，掸尘扫房子”，据《吕氏春秋》记载，我国在尧舜时期就有春节扫尘的风俗。按民间的说法，因“尘”与“陈”谐音，新春扫尘有“除陈布新”的含义，即把一切穷运、晦气统统扫出门。这一习俗寄托着人们辞旧迎新的祈求。每逢春节来临，家家户户都要打扫环境，清洗各种器具，拆洗被褥窗帘等，到处洋溢着干干净净迎新春的欢乐气氛。

（2）贴春联。春联也叫门对、春贴、对联、对子等，是以工整、对偶、简洁、精巧的文字描绘时代背景，抒发美好愿望，是我国特有的文学形式。每逢春节，家家户户都要精选一幅大红春联贴于门上，为节日增加喜庆气氛。这一习俗起于宋代，在明代开始盛行，到了清代，春联的思想性和艺术性都有了很大的提高。梁章矩编写的春联专著《楹联丛话》，论述了楹联的起源和各类作品的特色。

根据使用场所，春联可分为“门心”、“框对”、“横批”、“春条”、“斗方”等。“门心”贴于门板上端中心部位；“框对”贴于左右两个门框上；“横批”贴于门楣的横木上；“春条”根据不同的内容，贴于相应的地方；“斗方”也叫“门叶”，多贴在家具、影壁上。

（3）贴窗花和倒贴“福”字。在春节人们还喜欢在窗户上贴各种剪纸——窗花，不仅烘托了喜庆的节日气氛，也集装饰性、欣赏性和实用性于一体。窗花以其特有的概括和夸张手法，将吉祥事物、美好愿望表现得淋漓尽致。

在贴春联的同时，人们还要在屋门、墙壁、门楣等处贴上大大小小的“福”字。“福”字指福气、福运，将“福”字倒过来贴，表示“幸福已到”“福气已到”。民间还有将“福”字精描细做成各种图案，有寿星、寿桃、鲤鱼跃龙门、五谷丰登、龙凤呈祥等。

（4）年画。春节挂贴年画在城乡也很普遍，浓墨重彩的年画给千家万户增加了许多喜庆气氛。年画与春联一样，起源于“门神”。随着木板印刷术的兴起，年画已不仅局限于门神之类单调的主题，变得丰富多彩，产生了《福禄寿三星图》《天官赐福》《五谷丰登》《六畜兴旺》《迎春接福》等经典的彩色年画。我国出现了年画的3个重要产地：苏州桃花坞、天津杨柳青和山东潍坊，形成了中国年画的三大流派，各具特色。

现今我国收藏最早的是南宋《隋朝窈窕呈倾国之芳容》木刻年画，画的是王昭君、赵飞燕、班姬和绿珠四位古代美人。民间流传最广的是一幅《老鼠娶亲》的年画，描绘了老鼠迎娶新娘的有趣场面。民国初年，上海郑曼陀将月历和年画二者结合起来，这是年画的一种新形式。这种合二而一的年画后来发展成挂历，深受人们的喜爱。

（5）守岁。除夕守岁是重要的年俗活动之一。最早记载见于西晋周处的《风土志》：除夕之夜，各相与赠送，称为“馈岁”；酒食相邀，称为“别岁”；长幼聚饮，祝颂完备，称为“分岁”；大家终夜不眠，以待天明，称为“守岁”。

“一夜连双岁，五更分二天”，除夕之夜，全家团聚在一起，吃过年夜饭，点起蜡烛或油灯，围坐炉旁闲聊，等着辞旧迎新的时刻。通宵守夜，象征着把一切邪瘟病疫驱走，期待着新的一年吉祥如意。这种习俗后来逐渐盛行，唐太宗写有“守岁”诗：“寒辞去冬雪，暖带入春风。”直到今天，人们还习惯在除夕之夜守岁迎新。

古时守岁有两种含义：年长者守岁为“辞旧岁”，有珍爱光阴的意思；年轻人守岁，是为延长父母寿命。自汉代以来，新旧年交替的时刻一般为夜半时分。

（6）爆竹。中国民间有“开门爆竹”一说，即在新年到来之际，家家户户开门的第一件事就是燃放爆竹。爆竹亦称“爆仗”“炮仗”“鞭炮”，至今已有两千多年的历史。放爆竹可以营造出喜庆热闹的节日气氛，也有驱邪、图吉利的含义。现在湖南浏阳、广东佛山、江西的宜春和萍乡、浙江温州等地区，是我国著名的花炮之乡。

（7）拜年。大年初一，人们都早早起来，穿上最漂亮的衣服，打扮得整整齐齐，出门走亲访友，相互拜年，恭祝来年大吉大利。拜年的方式多种多样，有的是同族长带领若干人挨家挨户拜年，有的是同事相邀几个人去拜年，也有大家聚在一起相互祝贺，称为“团拜”。由于登门拜年费时费力，后来一些上层人物和士大夫便使用名帖相互投贺，由此形成了“贺年片”。

春节拜年时，晚辈要先给长辈拜年，祝长辈长寿安康，长辈可将事先准备好的压岁钱分给晚辈。据说压岁钱可以压住邪祟，因为“岁”与“祟”谐音，晚辈得到压岁钱就可以平平安安度过一岁。压岁钱有两种，一种是以彩绳穿线编成龙形，置于床脚，此记载见于《燕京岁时记》；另一种是最常见的，由家长用红纸包裹分给孩子的压岁钱。压岁钱可在晚辈拜年后当众赏给，亦可在除夕夜孩子睡着时，由家长偷偷地放在孩子的枕头底下。现在长辈给晚辈压岁钱的习俗仍然盛行。

（8）春节食俗。在古代的农业社会里，自腊月初八以后，家庭主妇们就要忙着张罗过年的食品了。因为腌制腊味所需的时间较长，所以必须尽早准备，我国许多地区都有腌制腊味的习俗，以广东省的腊味最为著名。

蒸年糕，年糕因为谐音“年高”，再加上有着变化多端的口味，几乎成了家家必备的应景食品。有方块状的黄、白年糕，象征着黄金、白银，寄寓着新年发财的意思。

年糕的口味因地而异。北京人喜食江米或黄米制成的红枣年糕、百果年糕和白年糕。河北人则喜欢在年糕中加入大枣、小红豆及绿豆等，一起蒸食。山西北部、内蒙古等地，过年时习惯吃黄米粉油炸年糕，有的还包上豆沙、枣泥等馅。山东人则用黄米、红枣蒸年糕。北方的年糕以甜为主，或蒸或炸，也有人干脆蘸糖吃。南方的年糕则甜咸兼具，如苏州和宁波的年糕，以粳米制作，味道清淡。除了蒸、炸以外，还可以切片炒食或是煮汤。甜味的年糕以糯米粉加白糖、猪油、玫瑰、桂花、薄荷、素蓉等配料，做工精细，可以直接蒸食或是沾上蛋清油炸。

过年的前一夜叫团圆夜，在外的游子都要不远万里赶回家，全家人围坐在一起包饺子过年。饺子的做法是先和面做成饺子皮，再用皮包上馅，各种肉、蛋、海鲜、时令蔬菜等都可入馅。正统的饺子吃法是清水煮熟，用醋、蒜末、香油、酱油制成作料，蘸着吃，也有炸饺子、烙饺子（锅贴）等吃法。因为和面的“和”字就是“合”的意思，饺子的“饺”和“交”谐音，“合”和“交”都有相聚之意，所以用饺子象征团聚合欢非常吉利；因为饺子形似元宝，过年时吃饺子，也有“招财进宝”的吉祥寓意。一家老小聚在一起包饺子、话新春，其乐融融。

3. 元宵节

每年农历的正月十五日，春节刚过，迎来的就是中国的传统节日——元宵节。

正月是农历的元月，古人称夜为“宵”，所以称正月十五为元宵节。正月十五是一年中第一个月圆之夜，也是一元复始、大地回春的夜晚，人们庆贺新春的延续，所以元宵节又称为“上元节”。

按中国民间的传统，在这皓月高悬的夜晚，人们要点起彩灯万盏，以示庆贺，还有出门赏月、放烟花、猜灯谜、吃元宵等习俗。

元宵节也称灯节，元宵燃灯的风俗起自汉朝，到了唐代赏灯活动更加兴盛，皇宫里、街道上处处挂灯，还要建起高大的灯轮、灯楼和灯树。唐朝卢照邻曾在《十五夜观灯》中描述：“接汉疑星落，依楼似月悬。”

宋代更重视元宵节，赏灯活动更加热闹，赏灯活动要持续 5 天，灯的式样也更丰富。明代要连续赏灯 10 天，这是中国最长的灯节了。清代赏灯活动虽然只有 3 天，但是赏灯活动的规模也很大，除燃灯之外，还燃放烟花助兴。

“猜灯谜”又叫“打灯谜”，是元宵节后增的一项活动，出现在宋朝。南宋时，临安城每逢元宵节都制作彩灯，猜谜的人众多。因为猜谜语是人智力的比拼，所以深受社会各阶层的欢迎。

民间过元宵节有吃元宵的习俗。元宵由糯米制成，或实心，或带馅。馅有豆沙、白糖、山楂、各类果料等，食用时煮、煎、蒸、炸皆可。起初，人们把这种食物叫“浮圆子”“汤团”或“汤圆”，这些名称与“团圆”字音相近，象征着全家人团团圆圆、和睦幸福，人们也以此怀念离别的亲人，寄托了对未来生活的美好愿望。

一些地方的元宵节还有“走百病”的习俗，又称“烤百病”“散百病”，参与者多为妇女。她们结伴而行或走墙边，或过桥，或走郊外，目的是祛病除灾。

在元宵佳节，不少地方还有耍龙灯、耍狮子、踩高跷、划旱船、扭秧歌、打太平鼓等传统民俗表演。

4. 二月二

农历二月初二，民间称这一天为“龙抬头”。二月二象征着春回大地，万物复苏。中国古代用二十八宿来表示日月星辰在天空的位置，并以此判断季节。二十八宿中的角、亢、氐、房、心、尾、箕七宿组成一个完整的龙形星座，其中角宿恰似龙的角。每到二月二，“龙角星（即角宿一星和角宿二星）”就从东方地平线上出现，故称“龙抬头”。天上“龙抬头”的同时，春天也慢慢来到了人间，雨水也会多起来。此时节大地返青，春耕从南到北陆续开始。民谚“二月二，龙抬头；大仓满，小仓流”，寄托了人们祈龙赐福，保佑风调雨顺、五谷丰登的强烈愿望。

普通人家在这一天要吃面条、春饼、爆玉米花等，不同地区的吃食大都与龙有关，普遍把食品名称加上“龙”的头衔。如吃水饺叫吃“龙耳”，吃春饼叫吃“龙鳞”，吃面条叫吃“龙须”，吃米饭叫吃“龙子”，吃馄饨叫吃“龙眼”。

5. 寒食节

寒食节亦称“禁烟节”“冷节”“百五节”，在夏历冬至后 105 日，清明节前一两日，禁烟火，只吃冷食，后来增加了祭扫、踏青、秋千、蹴鞠等习俗。寒食节前后延续了两千余年，曾被称为民间第一大祭日。

“之推言避世，山火遂焚身。四海同寒食，千古为一人。深冤何用道，峻迹古无邻。魂魄山河气，风雷御宇神。光烟榆柳火，怨曲龙蛇新。可叹文公霸，平生负此臣。”唐代诗人卢象这首《寒食》诗叙述了“之推绵山焚身”

的故事，这也正是寒食节的来历。

我国以往的春祭都在寒食节，直到后来改在清明节。

6. 清明节

清明是我国的二十四节气之一。《淮南子·天文训》云：“春分后十五日，斗指乙，则清明风至。”按《岁时百问》的说法：“万物生长此时，皆清洁而明净，故谓之清明。”清明一到，气温升高，雨量增多，正是春耕春种的大好时节。故有“清明前后，点瓜种豆”“植树造林，莫过清明”的农谚，可见清明与农业生产有着密切的关系。但是，清明作为节日，与纯粹的节气又有所不同。节气是我国物候变化、时令顺序的标志，而节日则包含着一定的风俗活动和某种纪念意义。

清明节是祭祖和扫墓的日子。唐代诗人杜牧的《清明》有云：“清明时节雨纷纷，路上行人欲断魂。借问酒家何处有？牧童遥指杏花村。”直到今天，清明节祭拜祖先，悼念已逝亲人的习俗仍很盛行。

清明节，又叫踏青节，每年的4月4日～4月6日春光明媚、草木吐绿，古人有清明踏青并开展一系列体育活动的习俗，如荡秋千、蹴鞠、打马球、插柳等。

(1)荡秋千。这是我国古代清明节的习俗。秋千，意即揪着皮绳而迁移。最早叫千秋，后为了避讳而改为秋千。古时的秋千多用树丫枝为架，再拴上彩带做成，后来逐步发展为用两根绳索加上踏板的秋千。

(2)蹴鞠。鞠是一种皮球，用皮革塞上毛做成。蹴鞠，就是用脚踢球。蹴鞠是古代清明节人们喜爱的一种游戏，相传是黄帝发明的，最初目的是用来训练武士。

(3)踏青。又叫春游，古时叫探春、寻春等。清明时节春回大地，一派生机勃勃的景象，正是郊游的大好时光。

(4)植树。清明前后，春阳照临、春雨飞洒，种植树苗成活率高、成长快。自古以来，我国就有清明植树的习俗，有人还把清明节叫做“植树节”，一直流传至今。1979 年，我国规定每年 3 月 12 日为植树节，这对动员全国人民积极开展绿化活动，有着十分重要的意义。

（5）放风筝。放风筝也是清明节人们所喜爱的活动。人们不仅白天放风筝，夜间也放，夜里在风筝下或拉线上挂上一串串彩色的小灯笼，像闪烁的明星。

7. 端午节

农历五月初五，俗称“端午节”，端是“开端”“初”的意思，初五可以称为端五。农历以地支纪月，正月建寅，二月为卯，顺次至五月为午，因此，称五月为午月。“五”与“午”通，“五”又为阳数，故端午又名端五、重五、端阳、中天、重午、午日。此外，一些地方又称端午节为五月节、艾节、夏节。从史籍上看，“端午”二字最早见于晋人周处的《风土记》：“仲夏端午，烹鹜角黍。”端午节必不可少的活动有吃粽子，赛龙舟，挂菖蒲、艾叶，薰苍术、白芷，喝雄黄酒等。据说，吃粽子和赛龙舟是为了纪念屈原，所以新中国成立后曾把端午节定名为“诗人节”。至于挂菖蒲、艾叶，薰苍术、白芷，喝雄黄酒，据说是为了压邪。

据统计，在我国所有传统节日中，端午节的叫法最多，达 20 多个，如端午节、端五节、端阳节、重五节、重午节、天中节、夏节、五月节、菖节、蒲节、龙舟节、浴兰节、粽子节、午日节、女儿节、诗人节等。

2006 年 5 月 20 日，端午节经国务院批准，列入第一批国家级非物质文化遗产名录。端午节从 2008 年起为国家法定节假日。

8. 夏至

每年的 6 月 21 日或 6 月 22 日为夏至日，此时阳光直射北回归线，是北半球一年中白昼最长的一天，南方各地从日出到日没为 14 小时左右。夏至这天虽然白昼最长，太阳角度最高，但并不是一年中天气最热的时候。因为，这时接近地表的热量还在继续积蓄，没有达到最多。俗话说“热在三伏”，真正的暑热天气是以夏至和立秋为基点计算的。七月中旬到八月中旬我国各地的气温很高，有些地区的最高气温可达 40℃左右。这天山东各地普遍要吃凉面条，俗称“过水面”，有“冬至饺子、夏至面”的谚语。

夏至后入伏有初伏、中伏、末伏之分，三伏天是一年之中最炎热的时期，容易中暑、生病。因此，人们讲究中午歇晌、吃补食，注意防暑。尽管如此，夏天对人体的消耗也是较大的，因为吃不好、睡不实，受到炎热的煎熬，称为枯夏。北方有一个风俗，即定期为小孩称体重，看是否增加或减少，以观察儿童的生长情况。

9. 七夕节

每年的农历七月初七是七夕节，又称为“乞巧节”“七桥节”“女儿节”或“七夕爱情节”，是最具浪漫色彩的一个节日。在晴朗的夏秋之夜，天上繁星闪耀，银河横贯南北，在银河的东西两边各有一颗闪亮的星星遥遥相对，那就是“牵牛星”和“织女星”。七夕坐看牵牛、织女星，是民间的习俗。相传，在每年的这天夜晚，织女都会与牛郎在鹊桥相会。织女是一个美丽聪明、心灵手巧的仙女，凡间的妇女便在这一天晚上向她乞求智慧和手艺，也少不了向她求赐美满姻缘，所以七月初七也被称为乞巧节。

2006 年 5 月 20 日，七夕节被国务院列入第一批国家非物质文化遗产名录。

10. 天医节

8 月 1 日，宋代定为天医节，祭黄帝、岐伯。传说黄帝咨于岐伯，人间始有医书。早在南北朝时期，民间即有收集露水做眼明囊和天灸的风俗，天医节由此而来。这一天山东民间也有天灸的习俗，早期用露水和朱砂，后来用露水研墨，点儿童的额头或胸腹，多行于鲁北和胶东地区。有些老太太在黎明前到田野里采取草尖上的露水，中午时分用上好的墨汁，用筷子蘸墨点儿童的心窝及四周，谓之“点百病”。临朐一带，人们采豆棵上的露水储存起来，用来做饭，据说可以医治百病。沂南有采马齿苋的习俗，据说可以治痢疾。济南地区农村在这天吃黍米，叫做“来丰糕糜”，鲁西北地区叫“来丰糕”，阳信一带还献糕祭场，以祈丰年。天医节忌雨喜晴，农谚说：“八月初一下一阵，旱到来年五月尽。”意思是此日下雨，来年必定春旱。

11. 中秋节

中秋节是我国的传统佳节，与春节、端午、清明并称为中国的四大传统节日。据史籍记载，古代帝王有春天祭日、秋天祭月的礼制，节期为农历即阴历八月十五，时日恰逢三秋之半，故名“中秋节”；又因这个节日在秋季、八月，故又称“秋节”“八月节”“八月会”；又有祈求团圆及相关习俗的活动，故亦称“团圆节”“女儿节”。因中秋节的主要活动都是围绕“月”进行的，所以又俗称“月节”“月夕”“追月节”“玩月节”“拜月节”；在唐朝，中秋节还被称为“端正月”。关于中秋节的起源大致有 3 种：起源于古代对月的崇拜，月下歌舞觅偶的习俗，古代秋收拜土地神的习俗。

2006 年 5 月 20 日，中秋节经国务院批准，列入第一批国家级非物质文化遗产名录。中秋节从 2008 年起成为国家法定节假日。

中秋节这一天人们都要吃月饼，以示“团圆”。月饼，又叫胡饼、宫饼、月团、丰收饼、团圆饼等。相传我国古代，帝王就有春天祭日、秋天祭月的礼制。在民间，每逢八月中秋，也有拜月或祭月的风俗。“八月十五月儿圆，中秋月饼香又甜”，人们把中秋赏月与品尝月饼作为团圆的象征。

12. 重阳节

农历九月九日，为传统的重阳节。因为古老的《易经》中把“六”定为阴数，把“九”定为阳数，九月九日，日月并阳，两九相重，故而叫重阳，也叫重九。重阳节早在战国时期就已经形成，到了唐代重阳被正式定为民间的节日，历朝历代沿袭至今。“重阳节”最早的记载见于曹丕的《九日与钟繇书》：“岁往月来，忽复九月九日。九为阳数，而日月并应，俗嘉其名，以为宜于长久，故以享宴高会。”

重阳节有登高的习俗，金秋九月、秋高气爽，人们登高远望可达到心旷神怡、健身祛病的目的。在重阳节人们有吃重阳糕的风俗，高和糕谐音，作为节日食品，最早是庆祝秋粮丰收、喜尝新粮的用意，之后民间才有了登高吃糕，取步步高的吉祥之意。

重阳日，历来就有赏菊花的习俗，所以古代又称菊花节。农历九月俗称菊月，节日举办菊花大会，倾城的人都会赴会赏菊。自三国魏晋以来，重阳聚会饮酒、赏菊赋诗已成为时尚。菊花还象征着长寿。古代还风行九九插茱萸的习俗，所以重阳节又叫做茱萸节。茱萸可入药、制酒，养身祛病。

九九重阳，因为与“久久”同音，有着生命长久、健康长寿的寓意。1989 年，我国把农历九月九日定为老人节，倡导全社会树立尊老、敬老、爱老、助老的风气，重阳节又多了一层新含意。2006 年 5 月 20 日，重阳节经国务院批准，列入第一批国家级非物质文化遗产名录。

13. 十月一

十月一日，为送寒衣节。这一天特别注重祭奠先亡之人，谓之送寒衣。送寒衣节与春季的清明节、秋季的中元节，并称一年之中的三大“鬼节”。

据民间传说，孟姜女新婚燕尔，丈夫就被抓去服徭役，修筑万里长城。秋去冬来，孟姜女千里迢迢，历尽艰辛，为丈夫送衣御寒。谁知丈夫却屈死在工地，还被埋在城墙之下。孟姜女悲痛欲绝，指天哀号呼喊，感动了上天，哭倒了长城，找到了丈夫尸体，用带来的棉衣重新妆殓安葬，由此而产生了“送寒衣节”。

十月为孟冬，十月一日是进入寒冬季节的第一天，妇女们要在这一天将做好的棉衣拿出来，给儿女、丈夫换上。如果此时天气仍然暖和，不适宜穿棉，也要督促儿女、丈夫试穿一下，图个吉利。

14. 冬至

冬至，是我国农历中一个非常重要的节气，有“冬至大如年”之说。冬至俗称“冬节”“长至节”“亚岁”等。早在 2 500 多年前的春秋，我国已经用土圭观测太阳测定出冬至时间，它是二十四节气中最早制订出的节气，为每年的阳历 12 月 21 日 ~ 12 月 23 日。

现代天文学测定，冬至日阳光直射南回归线，阳光在北半球的角度最倾斜，北半球白天最短、黑夜最长，这天后太阳又逐渐北移，北半球的白天就会一天天变长。

古人对冬至的说法是：阴极之至，阳气始生，日南至，日短之至，日影长之至，故曰“冬至”。冬至过后，各地都已开始“数九”，进入严寒阶段。

在冬至这一天，北方地区有宰羊，吃饺子、吃馄饨的习俗，南方地区则有吃米团、长线面的习俗。某些地区在冬至还有祭天祭祖的习俗。

15. 腊八日

腊月是十二月初八，古代称为“腊日”，俗称“腊八节”。从先秦起，在腊八节都要祭祀祖先和神灵，祈求丰收和吉祥降临。

我国喝腊八粥的习俗最早开始于宋代，已有 1 000 多年的历史。每逢腊八日，不论是朝廷、官府、寺院，还是黎民百姓家，都要做腊八粥，祭祀祖先；同时，全家团聚在一起食用腊八粥，还馈赠亲朋好友。中国各地腊八粥的花样繁多，以北京的腊八粥最为讲究，有红枣、莲子、核桃、栗子、杏仁、松仁、桂圆、榛子、葡萄、白果、菱角、青丝、玫瑰、红豆、花生等20种食材。人们在腊月初七的晚上就开始忙碌起来，洗米、泡果、剥皮、去核、精拣，然后在半夜时分开始煮，再用微火熬至第二天的清晨，腊八粥才算熬好了。

“腊八豆腐”是安徽黟县民间的风味特产。在春节前夕的腊八，即农历十二月初八前后，黟县家家户户都要晒制豆腐，称作“腊八豆腐”。

泡腊八蒜是北方尤其是华北地区的一个习俗。顾名思义，就是在腊月初八这天来泡制蒜。材料就是醋和大蒜瓣儿。将剥了皮的蒜瓣儿放到一个可以密封的罐子、瓶子里，然后倒入醋，封上口，冷藏。慢慢地，泡在醋中的蒜就会变绿，最后会变得通体碧绿。

16. 辞灶

腊月二十三，是民间“辞灶”的日子，人们称为“过小年”。小年是我国汉族的传统节日，也被称为谢灶、祭灶节、灶王节、祭灶。在不同地方小年的日期不同，分别在农历腊月二十三、二十四、二十五。民俗专家说，在古代过小年有“官三、民四、船五”之说，即官家的小年是腊月二十三，百姓家的小年是腊月二十四，而水上人家的小年则是腊月二十五。在北方，南宋以前受官方影响较重，小年多为腊月二十三；南方远离政治中心，小年便为腊月二十四；鄱阳湖等地的居民，则保留了船家的传统，小年定在腊月二十五。无论哪天过小年，人们辞旧迎新的愿望都是一致的。

17. 除夕

除夕是指每年农历腊月最后一天的晚上，与春节（正月初一）首尾相连。“除夕”中的“除”字是“去、易、交替”的意思，除夕的意思是“月穷岁尽”，人们都要进行除陈布新、消灾祈福的活动，主要有吃团圆饭、祭祀、守岁三项。

五、农谚

1. 农谚的起源

农谚流传相当久远，不少古书上有记载。例如，现今流行的“秧好半年稻”，“麦要浇芽，菜要浇花”，“稻如莺色红，全得水来供”等农谚，见于明末的《沈氏农书》；“寸麦不怕尺水，尺麦但怕寸水”，见于明末的《天工开物》；“无灰不种麦”，“收麦如救火”，见于16世纪初的《便民图纂》；“六月不热，五谷不结”，“六月盖了被，田里不生米”等，见于14世纪初的《田家五行》；“若要麦，见三白”，“正月三白，田公笑呵呵”，见于8世纪初唐朝的《朝野佥载》；“欲知五谷，但视五木”，“耕而不劳，不如作暴”，见于6世纪的《齐民要术》。古书中引用的农谚，还往往冠以“谚云”或“古人云”字样，说明起源更早，不一定都能在文献上找到。有些农谚可以追溯至数千年前。

2. 农谚对生产的指导作用

农谚是劳动人民通过长期生产实践逐渐积累起来的，可以起到指导农业生产的作用。特别是在封建社会，劳动人民被剥夺了读书识字的权利，他们的经验主要靠“父诏其子，兄诏其弟”的口头相传方式流传和继承下来，农谚就是其中的一个方面。例如，农民根据多年生树木的生长状态来预测农事季节，于是产生了“要知五谷，先看五木”的农谚。在指导作物播种期方面，有许多反映物候学的谚语，如“梨花白，种大豆”，“樟树落叶桃花红，白豆种子好出瓮”，“青蛙叫，落谷子”等。更多的是根据二十四节气指出各种作物的适宜播种时期，如“白露早，寒露迟，秋分草子正当时”，“白露白，正好种荞麦”等。“立冬蚕豆小雪麦，一生一世赶勿着”，“十月种油，不够老婆搽头”等谚语，是提醒人们要抓紧季节劳作，不误农时。

在作物生产的每个阶段都有农谚。例如，水稻从播种起，选用良种有“种好稻好，娘好囡好”等；培育壮秧有“秧好半年稻”等；插秧技术有

“会插不会插，看你两只脚”，“早稻水上飘，晚稻插齐腰”等；施肥有“早稻泥下送，晚稻三遍壅”，“中间轻，两头重”等；田间管理有“处暑根头摸，一把烂泥一把谷”等。拿水稻来说，浙江就有 500 条左右农谚。农民有了这些农谚，就好像现在有了技术指导手册一样，可以更好地进行农业生产。

3. 正确理解农谚

农谚的特点之一就是群众性和通俗性，似乎农谚的易晓易懂是不成问题的，事实并不尽然。由于农谚的地域性、概括性，加上时过境迁，有时要完全正确理解一句农谚是不简单的。

（1）注意天文、气象、历法、节气方面的常识。农谚的 2/3 是属于气象、时令方面的，因此，要正确理解农谚，必须具备这方面的知识。包括常见的星宿，计算年月日时辰的天干地支，以及明白“九九”“三伏”“春社”“秋社”等的含义。例如，“参不落，只管种”，参是古代二十八宿中西方七宿之一，这是以参星不落为标准，确定小麦播种期的农谚。“箕与风，毕与雨”“月丽于箕，风扬沙”等，箕和毕也都是二十八宿的名称。“分了社，满天熟，社了分，没得啃”，这是指春社和春分之前，或在春分之后与粮食有丰歉关系的。

（2）要注意农谚的省略手法。由于口语的限制，农谚常常需要简略，而且所简略的往往是最重要的主词。这在特定地区、特定条件下是不成问题的，可是对于收集、整理、注释者来说，数量一多，常常弄不清楚，或者张冠李戴。这就要我们要有较广泛的生物学和农业知识。

4. 夏九九歌谣

“冬至”数九过冬寒，有的地方也有“夏至”数九过酷暑的歌谣。例如，夏九九歌谣：夏至入头九，羽扇握在手；二九一十八，脱冠着罗纱；三九二十七，出门汗欲滴；四九三十六，浑身汗湿透；五九四十五，炎秋似老虎；六九五十四，乘凉进庙祠；七九六十三，床头摸被单；八九七十二，半夜寻被子；九九八十一，开柜拿棉衣。

5. 冬九九歌谣

“冷在九、热在伏”，数九虽冷，但由于我国地域辽阔，冷也冷得不一样。

黄河中下游的“九九歌”是：一九二九不出手；三九四九冰上走；五九六九沿河看柳；七九河开，八九燕来；九九加一九，耕牛遍地走。

江南的“九九歌”是：一九二九相见弗出手；三九二十七，篱头吹筚篥（古代的一种乐器，意指寒风吹得篱笆“噼噼”的响声）；四九三十六，夜晚如鹭宿（晚上寒冷，像白鹤一样蜷缩着身体睡眠）；五九四十五，太阳开门户；六九五十四，贫儿争意气；七九六十三，布袖担头担；八九七十二，猫儿寻阳地；九九八十一，犁耙一齐出。

最冷的是三九四九。在吉林是“三九四九冻死狗”，在江苏则是“三九四九拾粪老汉满街游”，可见气温相差很大。

6. 立春农谚

立春一日，百草回芽。

一年之计在于春，一日之计在于晨。

一年之计在于春，一生之计在于勤。

人勤地不懒，秋后粮仓满。

立春雨水到，早起晚睡觉。

要想庄稼好，一年四季早。

春寒夏闷多雨，秋冷冬干多风。

八月十五云遮月，正月十五雪打灯。

正月十五雪打灯，清明时节雨纷纷。

春脖短，早回暖，常常出现倒春寒。

春脖长，回春晚，一般少有倒春寒。

春打六九头，七九、八九就使牛。

吃了立春饭，一天暖一天。

7. 立冬相关谚语

立冬打雷要返春（北方）。

雷打冬，十个牛栏九个空（北方）。

立冬之日起大雾，冬水田里点萝（北方）。

立冬北风冰雪多，立冬南风无雨雪（北方）。

立冬那天冷，一年冷气多（北方）。

立冬前犁金，立冬后犁银，立春后犁铁（指应早翻土）。

立秋摘花椒，白露打核桃，霜降下柿子，立冬吃软枣。

立冬小雪紧相连，冬前整地最当先（江南）。

霜降腌白菜，立冬不使牛（北方）。

立冬有风，立春有雨；冬至有风，夏至有雨。

第二章　二十四节气

一、二十四节气与农事活动

1. 立春

一般“立春”在“春节”前后，习惯上认为是春季的开始。古代“四立”，指春、夏、秋、冬四季开始，农业意义为“春种、夏长、秋收、冬藏”，概括了黄河中下游农业生产与气候的关系，这种四季划分方法比较符合实际情况，立春后气温回升，春耕大忙在全国大部分地区陆续开始。气温渐升，土壤由下层开始化冻，冻土层变浅。天气仍然干寒，风向多变，蒸发量增大，一般降水量在 3 ~ 5 毫米，有 1/3 的年份无降水。

立春时期的主要农事活动：“立春天气晴，百物好收成。”华北地区积极做好春耕的准备工作。如制订全年生产计划；春地运肥，耙耢保墒；检修农机具；做好春大麦播种准备工作，麦田镇压、保墒；加强大棚瓜菜管理；看管好林木果园；搞好畜禽饲养和疫病防治；管好鱼塘。

2. 雨水

雨水即为春季降雨、雨量渐增，越冬作物开始返青，需要雨水。“雨水”过后，黄淮平原日平均气温已达 3℃左右，江南平均气温在 5℃上下，华南气温在 10℃以上，而华北地区平均气温仍在 0℃以下。草木萌动，杏花、迎春花相继开放。

“冷雨水，暖惊蛰；暖雨水，冷惊蛰。雨水阴寒，春季勿会旱。雨水日晴，春雨发得早”。黄河中下游地区的油菜、冬麦普遍返青生长，“春雨贵如油”，这时适宜的降水对作物的生长特别重要。一般华北、西北以及黄淮地区降水量较少，常不能满足农业生产的需要。若早春少雨，雨水前后及时春灌，可取得最好的农业收成。淮河以南地区则以加强中耕锄地为主，同时搞好田间清沟沥水，以防春雨过多而烂根。俗话说："麦浇芽，菜浇花。"对起苔的油菜要及时追施苔花肥，争取荚多粒重。华南双季早稻育秧已经开始，注意抓住"冷尾暖头"，抢晴播种，力争一播全苗。

雨水时节天气变化不定，寒潮频现，忽冷忽热，对已萌动和返青生长的作物、林果危害很大，要做好防寒防冻工作。

雨水时期的主要农事活动：土壤解冻 3 ~ 4 厘米深时播种大麦，划锄小麦；种蓖麻、向日葵；春田耙耢保墒，灌浇白茬地；选购棉种；管好大棚瓜茶；果树修剪、松土；加强畜禽管理和疫病防治；结合积肥，整理鱼塘。

3. 惊蛰

惊蛰的意思是天气回暖、春雷始鸣，惊醒了蛰伏于地下冬眠的昆虫。我国各地春雷始鸣的时间各不相同，云南南部在 1 月底前后即可闻雷，而北京的初雷日却在 4 月下旬。

"春雷响，万物长"，惊蛰时节正是大好的"九九"艳阳天，气温回升，雨水增多。除东北、西北地区仍是银装素裹的冬日景象外，我国大部分地区平均气温已升到 0℃以上。华北地区日平均气温为 3 ~ 6℃，江南为 8℃以上；西南和华南地区已达 10 ~ 15℃，早已是一派融融春光了。所以，我国劳动人民自古就很重视惊蛰节气，把它视为春耕开始的日子。唐诗有云："微雨众卉新，一雷惊蛰始。田家几日闲，耕种从此起。"农谚也说："过了惊蛰节，春耕不能歇"，"九尽杨花开，农活一齐来。"华北地区冬小麦开始返青生长，土壤仍冻融交替，及时耙地是减少水分蒸发的重要措施。"惊蛰不耙地，好比蒸馍走了气"，这是当地人民防旱保墒的宝贵经验。惊蛰期间，小麦已返青拔节，人们忙于田间清沟理墒，育苗、适期施肥，加强园艺作物防冻保温，播种棉花和玉米。南方雨水一般可满足菜、麦及绿肥作物春季生长的需要，防止湿害则是最重要的。

俗话说“麦沟理三交，赛如大粪浇”“要得菜子收，就要勤理沟”，必须继续搞好清沟沥水工作。华南地区应抓紧早稻播种，同时要做好秧田防寒工作。随着气温回升，茶树也渐渐开始萌动，修剪并追施“催芽肥”，促其多分枝、多发叶，提高茶叶产量。桃、梨、苹果等果树要施好花前肥。“惊蛰有雨并闪雷，麦积场中如土堆。”“春雷惊百虫”，温暖的气候条件利于多种病虫害的发生和蔓延，田间杂草也相继萌发，及时搞好病虫害防治和中耕除草工作。“桃花开，猪瘟来”，也要重视禽畜的防疫了。

惊蛰时期的主要农事活动：麦田普遍划锄，根据苗情、墒情，适时浇返青水和追肥；继续种好大麦、豌豆、蓖麻、向日葵，抓紧种蒜，搞好大棚瓜菜管理；兴修水利，耙耢整平春田，墒情差的地块要浇水造墒；盘好地瓜炕；植树造林，果树修剪整枝；搞好家禽孵化、牲畜配种和防疫工作；放养鱼种；捕杀害鼠。

4. 春分

春分是指一天中白天黑夜平分，各为 12 小时；古时以立春至立夏为春季，春分平分了春季。

春分时节，除了全年皆冬的高寒山区和北纬 45° 以北的地区外，全国各地日平均气温均稳定在 0℃以上，严寒已远去，气温回升较快。尤其是华北地区和黄淮平原，日平均气温几乎与多雨的江南地区同时升达 10℃以上，进入明媚的春季。辽阔的大地上，岸柳青青，莺飞草长，小麦拔节，油菜花香，桃红李白迎春黄。华南地区更是一派暮春景象。江南的降水迅速增多，进入春季“桃花汛期”；在“春雨贵如油”的东北、华北和西北广大地区，降水依然很少，抗御春旱的威胁是农业生产的主要问题。

“春分麦起身，一刻值千金”，北方春季少雨的地区要抓紧春灌，浇好拔节水，施好拔节肥，注意防御晚霜冻害；南方仍需继续搞好排涝防渍工作。江南早稻育秧和江淮地区早稻薄膜育秧工作已经开始，早春天气冷暖变化频繁，要注意在冷空气来临时浸种催芽，冷空气结束时抢晴播种。群众经验道：“冷尾暖头，下秧不愁。”要根据天气情况，争取播后有 3 ~ 5 个晴天，以保一播全苗。春茶已开始抽芽，应及时追施速效肥料，防治病虫害，力争茶叶丰产优质。

“二月惊蛰又春分，种树施肥耕地深。”春分也是植树造林的好时机，古诗云：“夜半饭牛呼妇起，明朝种树是春分。”

春分时期的主要农事活动：小麦起身，抓紧追肥、浇水、划锄；继续整平土地，搞好春灌、春耕，耙耢保墒；棉花干子播种，制作营养钵；地瓜上炕育苗；搞好植树造林工作，搞好果树嫁接、修剪和防治病虫害工作；搞好家畜配种、畜禽防疫和家禽孵化工作；放养鱼种；消灭害鼠。

5. 清明

清明是清亮明净的意思，此时气温上升，草木现青，百花盛开，春意盎然。北方大部分地区已经摆脱寒冷，春播繁忙。“清明前后，种瓜种豆。”“清明时节，麦长三节”，黄淮地区以南的小麦即将孕穗，油菜已经盛花，东北和西北地区小麦也进入拔节期，抓紧搞好后期的肥水管理和病虫害防治工作。北方旱作，江南进入早中稻大批播种的适宜季节，要抓紧时机抢晴早播。“梨花风起正清明”，这时果树已进入花期，要注意搞好人工辅助授粉，提高坐果率。华南早稻栽插扫尾，及时耘田施肥。各地的玉米、高粱、棉花也将要播种。“明前茶，两片芽”，茶树新芽抽长正旺，要注意防治病虫害；名茶产区已陆续开采，严格科学采制，确保产量和品质。这时北方冷空气仍有一定势力，天气冷暖多变，注意防御低温和晚霜冻天气，以免对小麦、水稻秧苗、开花果树以及春播作物造成危害。

“清明时节雨纷纷”指的是江南的气候特色，时阴时晴，充沛的水分一般可满足作物生长的需要，但雨水过多会导致湿渍和寡照。黄淮平原以北的广大地区，清明时节降水仍然很少，对开始旺盛生长的作物和春播来说，雨水显得十分宝贵。这些地区要在蓄水保墒的同时，搞好春灌，防止春旱。

清明时期的主要农事活动：麦田追肥、浇水、划锄，及时防治病虫害；播种棉花、高粱、谷子等作物；管好地瓜苗床；种好春菜，管好大棚瓜菜；搞好水稻育秧；栽种刺槐、枣树、桐树等发芽晚的林木，并搞好育苗；喂好桑蚕；继续搞好家畜配种、家禽孵化、畜禽防疫，及时播种牧草；养鱼，栽种苇藕。

6. 谷雨

“谷雨”时天气温和，雨水明显增多，对谷类作物的生长发育影响很大。适量雨水有利于越冬作物的返青拔节和春播作物的播种出苗。所谓“雨生百谷”，反映了“谷雨”的现代农业气候意义，但雨水过量或严重干旱往往造成危害，影响后期产量。谷雨时节，在黄河中下游仍是“春雨贵如油”。

谷雨时期的主要农事活动：杂粮播种，果树嫁接；茶农忙于采摘、加工茶叶；完成低洼盐碱地棉花播种任务，谷子、玉米、花生等作物于本月底播完；地瓜插秧；种植田菁、苜蓿等绿肥作物；冬小麦进入孕穗抽穗期，继续麦田管理；抓紧棉花查苗补苗，及时定苗；种好西瓜；加强林业生产；搞好畜牧、渔业生产；养蚕也进入关键时期。

7. 立夏

按气候学的标准，日平均气温稳定升达22℃以上为夏季开始。“立夏”前后，我国只有福州到南岭一线以南地区真正进入夏季，而东北和西北的部分地区则刚刚进入春季，全国大部分地区平均气温在18 ~ 20℃，正是“百般红紫斗芳菲”的仲春和暮春季节。立夏时节，万物繁茂，夏收作物进入生长后期，冬小麦扬花灌浆，油菜接近成熟，夏收作物年景基本定局，故农谚有“立夏看夏”之说。水稻栽插和其他春播作物的管理也进入了大忙季节。

立夏以后，江南正式进入雨季，雨量和雨日均明显增多，连绵的阴雨不仅导致作物的湿害，还会引起多种病害的流行。小麦抽穗扬花，易感染赤霉病，要抓紧在始花期到盛花期喷药防治。阴雨连绵或乍暖还寒的天气条件，往往会引起南方棉花炭疽病、立枯病等的暴发，造成大面积的死苗、缺苗。及时采取增温降湿措施，并配合药剂防治，以保全苗、争壮苗。

“多插立夏秧，谷子收满仓”，立夏前后正是大江南北早稻插秧的火红季节。“能插满月秧，不薅满月草”，这时气温仍较低，栽秧后要早追肥，早耘田，早治病虫害，促进早发。中稻播种要抓紧扫尾。茶树这时春梢发育最快，稍一疏忽，茶叶就要老化。正所谓“谷雨很少摘，立夏摘不辍”，要集中全力、分批突击采制。

立夏前后，华北、西北等地气温回升很快，但降水仍然不多，加上春季多风、蒸发强烈，大气干燥和土壤干旱常严重影响农作物的正常生长。尤其是小麦灌浆乳熟前后，干热风更是导致减产的重要灾害性天气，适时灌水是抗旱防灾的关键措施。“立夏三天遍地锄”，这时杂草生长很快，“一天不锄草，三天锄不了”。中耕锄草不仅能除去杂草，抗旱防渍，而且能提高地温，加速土壤养分分解，能促进棉花、玉米、高粱、花生等作物苗期的健壮生长。

立夏时期的主要农事活动：春播作物相继出苗，要及时查补，抓紧间、定苗，中耕松土，防治病虫害；麦田浇水，防治病虫害；继续种好花生、芝麻、春玉米、红麻，地瓜插秧；打坯换炕，准备肥料；加强林木果树管理，喂好桑蚕；加强畜禽管理，继续搞好家禽孵化；搞好鱼种育肥和鱼苗放养。

8. 小满

全国北方地区麦类等夏熟作物子粒已开始饱满，但还没有成熟，相当于乳熟后期，所以叫小满。此时宜抓紧麦田虫害的防治，预防干热风和突如其来的雷雨大风袭击。南方宜进行水稻的追肥、耘禾，促进分蘖，抓紧晴天进行夏熟作物的收打和晾晒。小满以后，黄河以南到长江中下游地区开始出现35℃以上的高温天气，注意防暑工作。

小满时期的主要农事活动：小麦进入灌浆、乳熟阶段，应浇麦黄水，预防干热风，防治白粉病、锈病、蚜虫等；突击麦田套种玉米、棉花、花生等；防治棉花、谷子、果树、蔬菜等的病虫害；棉田除草、修棉、追肥、浇水，粮田中耕锄草，晚播田查补，间、定苗；搞好小麦种子的田间去杂；备好收割、打轧、播种机具，运地头肥，备妥良种；搞好蔬菜林果生产；管理好怀孕母畜；鱼苗育肥防病，对亲鱼进行人工促产。

9. 芒种

芒种意指大麦、小麦等有芒作物种子已经成熟，抢收十分急迫。对于晚谷、黍等夏播作物，此时播种最忙，故又称“忙种”。

对我国大部分地区来说，芒种一到，夏熟作物要收获，夏播秋收作物要下地，春种的庄稼要管理，“收、种、管”工作交叉，是一年中最忙的季节。

长江流域“栽秧割麦两头忙”，华北地区“收麦种豆不让晌”，小麦成熟期短，收获的时间性强，天气变化对小麦最终产量的影响极大。这时沿江多雨，黄淮平原也即将进入雨季。芒种前后若遇连阴雨天气及大风、冰雹等，往往导致麦株倒伏、落粒、穗上发芽霉变及“烂麦场”等，必须抓紧一切有利时机抢割、抢运、抢脱粒。“春争日，夏争时”，一般夏播作物播种期在麦收后越早越好，以保证到秋前有足够的生长期，如夏大豆、夏玉米、夏甘薯等作物。“种豆不怕早，麦后有雨赶快搞”。麦收以后抓紧抢种抢栽，时间就是产量，即使遇上干旱，也要积极抗旱造墒播种，切不可消极等雨、错过时机。“芒种忙，下晚秧”，南方的双季晚稻要抓紧育秧，防治稻蓟马。东北、西北地区的雨水仍然不多，冬、春小麦要适时浇水追肥，做好生长后期的管理工作。大部分茶区的夏茶采制已经开始，由于气温高，芽头长得快，容易粗老，一定要及时采摘，加工细制，提高品质。

芒种后，我国华南、东南地区季风雨带稳定，是一年中降水量最多的时节。长江中下游地区先后进入梅雨季节，雨日多、雨量大、日照少，有时还伴有低温天气。芒种时节，水稻、棉花等农作物生长旺盛、需水量多，适量的梅雨对农业生产十分有利；梅雨过迟或梅雨过少，甚至“空梅”的年份，作物会遭受干旱。若梅雨过早，雨日过多，长期阴雨寡照，对农业生产有不良影响。

芒种时期的主要农事活动：麦田选种，抓紧收割，做到精打细收，颗粒归仓，注意防范大风、冰雹等自然灾害；加强麦田套种作物的管理；抓紧播种玉米、大豆等；高粱、玉米制种田去杂；棉田适时追肥、浇水、松土、治虫、修棉；加强林果、畜牧、水产管理。

10. 夏至

夏至这天，阳光直射地面的位置到达一年的最北端，几乎直射北回归线（北纬 23° 27′），北半球的白昼达最长，且越往北越长。如海南海口市这天的日长为 13 小时，杭州市为 14 小时，北京为 15 小时，而黑龙江的漠河则可达 17 小时。夏至以后，阳光直射地面的位置逐渐南移，北半球的白昼日渐缩短，民间有“吃过夏至面，一天短一线”的说法。

我国民间把夏至后的 15 天分成“三时”，一般头时 3 天、中时 5 天、末时 7 天。这期间我国大部分地区气温较高，日照充足，作物生长很快，需水较多。夏至的降水对农业产量影响很大，有“夏至雨点值千金”之说。

夏至前后，淮河以南早稻抽穗扬花，田间水分管理上要足水抽穗、湿润灌浆、干干湿湿，既满足水稻结实对水分的需要，又能透气养根，保证活熟到老，提高子粒重。夏播工作要抓紧扫尾，已播的要加强管理，力争全苗。出苗后及时间、定苗，移栽补缺。夏至时节各种农田杂草与庄稼一样生长很快，不仅与作物争水、争肥、争阳光，而且是多种病菌和害虫的寄主，因此，农谚说：“夏至不锄根边草，如同养下毒蛇咬”。抓紧中耕锄地是夏至极重要的增产措施之一。棉花一般已经现蕾，营养生长和生殖生长两旺，要注意及时整枝打杈，中耕培土。雨水多的地区要做好田间清沟排水工作，防止涝渍和暴风雨的危害。

夏至时期的主要农事活动：春播作物及时追肥、浇水、松土、除草、治虫等；夏播作物查补，间、定苗；加强棉花田间管理；春玉米、高粱制种田拔除杂株，玉米母本及时去雄；管理好蔬菜，及时收刨大蒜；加强林果、畜禽管理；培育鱼苗，人工催产，防治鱼病；保护利用青蛙。

11. 小暑

暑，表示炎热的意思。小暑为小热，意思是天气开始炎热，但还没到最热。这时江淮流域梅雨季节即将结束，盛夏开始，气温升高，并进入伏旱期；华北、东北地区进入多雨季节，热带气旋活动频繁，登陆我国的热带气旋开始增多。小暑后南方注意抗旱，北方防涝。全国的农作物都进入了茁壮成长阶段，须加强田间管理。

小暑前后，除东北与西北地区收割冬春小麦等作物外，主要是忙着田间管理了。早稻处于灌浆后期，早熟稻品种大暑前就要成熟收获，要保持田间干干湿湿。中稻已拔节，进入孕穗期，根据长势追施穗肥，促穗大粒多。单季晚稻正在分蘖，及早施好分蘖肥。双晚秧苗要防治病虫害，于栽秧前 5 ~ 7 天施足“送嫁肥”。“小暑天气热，棉花整枝不停歇。”大部分棉区的棉花开始开花结铃，生长最为旺盛。在重施花铃肥的同时，要整枝、打杈、去老叶，协调植株养分分配，增强通风透光，改善群体小气候，减少蕾铃脱落。蚜虫、红蜘蛛等多发，适时防治。

小暑开始，江淮流域梅雨先后结束，我国东部淮河、秦岭一线以北的广大地区开始了来自太平洋的东南季风雨季，降水明显增加，且雨量比较集中；华南、西南、青藏高原也处于来自印度洋和我国南海的西南季风雨季中；长江中下游地区则一般为副热带高压控制下的高温少雨天气，常常出现的伏旱对农业生产影响很大，及早蓄水防旱显得十分重要。这时出现的雷雨、热带风暴或台风带来的降水，虽对水稻等作物生长十分有利，但有时也会给棉花、大豆等旱作物及蔬菜造成不利影响。有的年份，小暑前后北方冷空气势力仍较强，在长江中下游地区与南方暖空气势均力敌，出现锋面雷雨。

小暑时期的主要农事活动：加大防汛、抗旱力度；加强棉田管理；晚秋作物定苗、松土、追肥、浇水、治虫；结合灭草，大力沤制绿肥；种植萝卜等秋季蔬菜；雨季造林；管好牲畜，收割青草；加强水产养殖。

12. 大暑

“大暑”正值“中伏”前后，是一年中最热的时期，气温最高，农作物生长最快，大部分地区的旱、涝、风灾也最为频繁，抢收抢种、抗旱排涝、防台风和田间管理等任务很重。

对我国种植双季稻的地区来说，一年中最紧张、最艰苦、顶烈日战高温的“双抢”战斗已拉开了序幕。俗话说：“早稻抢日，晚稻抢时”，“大暑不割禾，一天少一箩”。适时收获早稻，不仅可减少后期风雨造成的损失，确保丰产丰收，而且可使双晚稻适时栽插，争取足够的生长期。要根据天气变化情况灵活安排，晴天多割，阴天多栽，在 7 月底以前栽完双晚稻，最迟不能迟过立秋。“大暑天，三天不下干一砖”，酷暑盛夏水分蒸发特别快，尤其是长江中下游地区正值伏旱期，旺盛生长的作物需要更多的水分，真是“小暑雨如银，大暑雨如金”。棉花花铃期叶面积达最大值，是需水的高峰期，要求田间土壤湿度占田间持水量的70%～80%，低于60%就会受旱而落花落铃，必须立即灌溉。灌水不可在中午高温时进行，以免土壤温差过大而加重蕾铃脱落。大豆开花结荚也正是需水临界期，避免缺水。黄淮平原的夏玉米已拔节孕穗，即将抽雄，是产量形成的最关键时期，要严防“卡脖旱”的危害。

大暑时期的主要农事活动：防洪排涝抗旱；雨后锄地，消灭草荒，防治病虫害；棉花中耕、追肥、治虫、打顶、抹杈、掐边心；大搞积肥，大沤绿肥；利用空闲地，种萝卜等蔬菜；雨季造林；管理好牲畜，预防日晒病、腐蹄病，割晒青草；加强水产管理，预防泛塘。

13. 立秋

立秋后天气逐渐凉爽，各地秋季开始的时间也不一致。气候学上以每5天的日平均气温稳定下降到22℃以下的始日作为秋季开始，这种划分方法比较符合各地的实际情况，但与黄河中下游立秋日期相差较大。立秋以后，我国中部地区早稻收割，晚稻移栽，大秋作物进入重要的生长发育时期。古人一直很重视立秋这个节气。

立秋时期的主要农事活动：加强棉花中后期管理，分期打边心，去空枝，酌情疏老叶，防烂铃；加强晚秋作物的管理；种好大白菜；为秋种备足肥料；管好果林；加强牲畜管理，预防流感等疾病；加强水产养殖。

14. 处暑

处暑前后，我国北京、太原、西安、成都、贵阳一线以东和以南的广大地区，以及新疆塔里木盆地地区日平均气温仍在22℃以上，处于夏季，但是这时冷空气南下次数增多，气温下降明显。

处暑以后，我国大部分地区气温日较差增大，昼暖夜凉对农作物干物质的积累十分有利，庄稼成熟较快，民间有“处暑禾田连夜变”之说。黄淮地区和江南早中稻正成熟收割，连阴雨是主要的不利天气。对于正处于幼穗分化阶段的单季晚稻来说，充沛的雨水又显得十分重要，遇有干旱要及时灌溉，否则，会导致穗小、空壳率高。此外，还应追施穗粒肥，使谷粒饱满，但追肥时间不可过晚，以防贪青迟熟。南方双季晚稻处暑前后即将圆秆，应适时烤田。大部分棉区棉花开始结铃吐絮，这时气温一般较高，阴雨寡照会导致大量烂铃。在精细整枝、推株并垄，摘去老叶，改善通风透光条件的同时，适时喷洒波尔多液，可较好地防止烂铃。处暑前后，春山芋薯块膨大，夏山芋开始结薯，夏玉米抽穗扬花，都需要充足的水分，此时受旱对产量影响十分严重，“处暑雨如金”一点也不夸张。处暑以后，除华南和西南地区外，我国大部分地区雨季即将结束，降水逐渐减少。尤其是华北、东北和西北地区必须抓紧蓄水、保墒，以防秋种期间出现干旱，延误冬作物的播种期。

处暑时期的主要农事活动：高粱、春玉米、谷子等早秋作物成熟，应搞好选种，及时收获；加强棉花的后期管理，棉花开始吐絮，要及时采摘；加强粮食作物的后期管理，运地头肥，早倒茬耕翻，做好秋种准备；绿肥作物在盛花期压青；管理好秋季蔬菜，大棚蔬菜垒好墙体；梨、苹果、枣陆续成熟，及时摘收；加强牲畜管理。

15. 白露

白露后，我国大部分地区降水显著减少，东北、华北地区 9 月份降水量一般只有 8 月份的 1/4 ~ 1/3，黄淮海地区有一半以上的年份会出现夏秋连旱，对冬小麦的适时播种是最主要的威胁。华南和西南地区白露后却常常秋雨绵绵，平均每 2 ~ 3 天就有一个雨日，白露是四川盆地一年中雨日最多的时节。过多的秋雨对秋作物的正常成熟和收获也十分不利。

白露时期的主要农事活动：棉花进入吐絮盛期，及时摘花、继续修棉；搞好玉米选种，粮食作物成熟后及时倒茬、灭茬、运肥、浇水、耕翻、耙耢，以备播种冬小麦；选育小麦良种，做好发芽试验，备足农药、化肥，检修耕播机具；加强秋季蔬菜管理；及时摘收枣、梨、苹果等；大搞青贮玉米秸，做好秋季家畜配种和防疫工作；搞好渔业生产。

16. 秋分

秋分以后，阳光直射位置越过赤道，移至南半球，北半球得到的太阳辐射越来越少，气温逐渐降低。我国长江流域及其以北的广大地区日平均气温都降到 22℃以下，先后进入凉爽的秋季。北方冷气团势力不断增强，活动开始频繁，原先占据在大陆上的暖空气迅速南退，被北方的冷空气填补，因此，人们就有一夜冷过一夜的感觉。

秋分时节，秋雨期已基本结束，我国大部分地区雨量明显减少，长江中下游地区旬平均降水量 20 毫米，比中旬减少 1/2 ~ 2/3。秋分棉花吐絮，晚稻开始成熟，也是农业生产的重要季节。

秋分时期的主要农事活动：晚秋作物开始收割，要精打细收，颗粒归仓；进入秋季大忙季节，要保质保量地种好小麦；及时采摘棉花，晚熟地块还要修棉，9 月底、10 月初喷洒乙烯利促熟；种好菠菜等越冬蔬菜，大棚、小拱棚蔬菜扣膜；管理好果林，采摘果品；牲畜发情旺季抓紧配种，搞好防疫，青贮玉米秸。

17. 寒露

寒露时节气温比白露时更低，地面上的露水快要凝结成霜了。“寒露霜降节，紧风就是雪”，我国南岭以北广大地区均已进入秋季，东北和西北地区即将进入冬季。此时北方冷空气势力增强，不断向南方侵袭，有些年份冷空气特别强，使江南地区气温降到16℃以下，形成“寒露风”。“寒露风”对南方的双季晚稻危害很大，常造成空瘪粒，粮食大幅度减产。因此，要注意收听天气预报，预防“寒露风”。

“寒露不摘棉，霜打莫怨天。”寒露以后，我国大部分地区在冷高压控制下雨季结束，白天常是晴空万里，对秋收十分有利，要抓紧采收棉花。

寒露时期的主要农事活动：抢时间，保质保量地种好小麦；继续收获夏玉米、高粱、大豆、花生等作物，大豆田间选种；及时摘收棉花；挖好地瓜窖，留种地瓜在霜前收获、存放；管理好秋季蔬菜，大棚内播种黄瓜、西红柿等；管理好果林，采集树种，采摘晚熟果品；大力收集牲畜饲草；育肥越冬鱼种，起捕成鱼，采藕芡。

18. 霜降

“秋后北风紧，夜静有白霜”，北方有较强的冷空气南下，气温将急剧下降。当地表温度降到0℃或以下时，水汽开始冻结成霜。我国各地气候差异较大，“降霜始霜”反映的是黄河流域的气候特征。北方的黑龙江、内蒙古一带在9月中下旬就进入初霜期，南方的南岭以南地区要到12月才出现初霜。上海地区出现初霜一般在11月中旬，早的年份在10月下旬，终霜日一般要到翌年3月下旬。霜出现越早，对作物的危害越大，植株本身所含的水分会冻结成冰。

我国大部分地区进入了干旱期，降水已明显减少，空气比较干燥，容易引发火灾，因此，要十分重视防火工作。

“霜降不割禾，一天少一箩”，霜降时节晚稻已成熟，要抓紧收割。

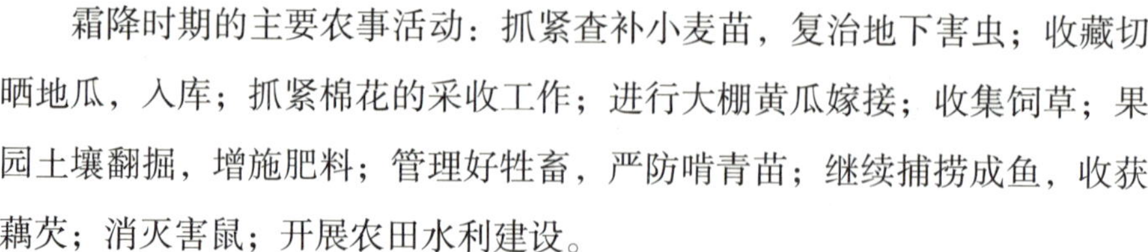

霜降时期的主要农事活动：抓紧查补小麦苗，复治地下害虫；收藏切晒地瓜，入库；抓紧棉花的采收工作；进行大棚黄瓜嫁接；收集饲草；果园土壤翻掘，增施肥料；管理好牲畜，严防啃青苗；继续捕捞成鱼，收获藕芡；消灭害鼠；开展农田水利建设。

19. 立冬

我国各地冬季并不都是于立冬日开始的。按气候学划分四季标准，以候平均气温低于10℃为冬季，“立冬为冬季开始”的说法只适合于黄淮地区。我国最北部的漠河和大兴安岭以北地区9月上旬就已进入冬季，北京10月下旬也已一派冬天景象，而长江流域要到小雪节气前后冬季才真正开始。

立冬时节，尽管北半球获得的太阳辐射越来越少，但由于地表储存的热量还有一定剩余，所以，一般还不太冷。天气晴朗无云时，常有温暖舒适的“小阳春”天气。此时北方冷空气势力增强，常频频南侵，形成大风、降温并伴有雨雪天气。因此，立冬的天气时冷时暖，冷暖交替频繁，对人们的生活和农业生产都有不利影响。民间有“立冬无雨一冬晴，立冬有雨一冬淋”“立冬若遇西北风，定住来年五谷丰”的说法。

立冬时期的主要农事活动：浇好小麦封冻水，结合浇水追肥、松土；搞好复收，拔棉柴，抓紧冬耕；收刨大葱、胡萝卜等蔬菜，管理好大棚菜；开展冬季植树造林，继续采集树种；加强牲畜初冬管理；越冬鱼塘并塘，鱼塘蓄水；大搞农田基本建设，根治旱涝盐碱；开展冬季灭鼠。

20. 小雪

小雪时节，黄河流域开始出现初雪，而长江流域的初雪日要比黄河流域推迟1个月左右。上海平均初雪日在1月初，但早的年份可在12月份。当近地层气温低于0℃，云内的小冰晶下降，会以雪花的形式飘落到地面。小雪以后，我国大部分地区冷空气活动频繁，而且强度也较强。如上海11月下旬的平均气温为9.6℃，到12月上旬，仅相差10天，平均气温就下降了 2.2℃。

长江中下游地区的农业生产，一般始于惊蛰，止于立冬或小雪。但实际上，在小雪以后的隆冬季节，越冬的小麦、油菜等农作物要进行施肥等田间管理，即使是多年生的副热带果树，也要采取防寒保暖等措施。

“瑞雪兆丰年，霜重见晴天。”小雪节气以后的降雪是瑞雪，不仅有利于粮食丰收，而且对人体健康也有益。

小雪时期的主要农事活动：继续冬灌小麦，灌后松土；抓紧拔棉柴，冬耕；收砍大白菜，管理好越冬菜和大棚、小拱棚瓜菜；开展冬季积肥；继续植树造林；加强牲畜、鱼塘越冬管理；大力修筑台田、条田，平整土地，搞好农田基本建设。

21. 大雪

大雪时节，黄河流域开始有积雪出现，降雪次数也显著增加。我国东北、西北地区平均气温已低于 -10℃，北方大地已披上了冬日素装。一般长江流域要过大雪节气以后才见初雪。

“今年大雪飘，明年收成好。”冬雪十分有利于农业生产，使粮食丰收。因为雪的导热性只有土壤的 1%，雪盖在地面上，外面的冷空气不易渗进土壤，土中的热量也不易散出，像盖了被子。所以，积雪覆盖农田，可保持地面及农作物周围的温度，有利于冬作物越冬。雪花的温度在冰点以下，可冻死害虫。积雪像一座天然水库，融化时可增加土壤水分，有利于农作物生长。雪水中氮化物的含量是普通雨水的5倍，可以起到肥田的作用。

大雪时期的主要农事活动：继续划锄小麦，特别是冬灌麦田划锄，以保墒增温，防冻裂；趁地封冻未牢，抓紧冬耕；继续冬季造林护林，管理好果林；继续开展冬季积肥，修理栏舍，保护牲畜安全越冬；挖沟、修渠、打井，水利配套；管理好鱼塘。

22. 冬至

冬至日北半球虽然日照时间最短，获得的太阳辐射能最少，但由于下半年地面积蓄的热量尚未散尽，所以这时的气温还不是最低。冬至过后，虽然北半球日照逐渐增多，但地面吸收的热量还是比散失的少，入不敷出，气温在一段时间内仍继续下降。再过近1个月，地面吸收到的热量与失去的热量才逐渐平衡，气温便慢慢回升。

冬至时期的主要农事活动：管理好瓜菜窖，大棚、小拱棚瓜菜；打井，深挖沟渠；搞好牲畜圈棚的保温，保障牲畜安全越冬。

23. 小寒

小寒时值1月份的上半月，是天气寒冷的意思，平均气温 -3 ~ -5℃。隆冬“三九”有大半天数在小寒，是一年中最冷的时期。因温度低下，往往小麦、果树、窖藏瓜菜及畜禽易遭受冻害。小寒时节，除南方地区要注意给小麦油菜等作物追施冬肥，华南大部分地区则主要是做好防寒防冻、积肥造肥和兴修水利等工作。在冬前浇好冻水、施足冬肥、培土壅根的基础上，进行人工覆盖也是防御农林作物冻害的重要措施。大棚蔬菜这时要尽量多照阳光，即使有雨雪低温天气，棚外草帘等覆盖物也不可连续多日不揭，以免影响植株正常的光合作用。高山茶园，特别是西北向易受寒风侵袭的茶园，要以稻草、杂草或塑料薄膜覆盖篷面，以防枯梢和沙暴对叶片的直接危害。雪后应及早摇落果树枝条上的积雪，避免大风吹断枝干。

小寒时期的主要农事活动：管理好地瓜窖，严封窖口，窖温保持在13℃左右；加强大棚、小拱棚瓜菜管理，西红柿、黄瓜等采摘出售；大搞积肥，蓄积草木灰；防止牲畜啃青；加强畜禽防寒措施，畜舍保持在10℃以上；鱼塘冰面积雪要及时清扫，保持透光。

24. 大寒

在我国绝大部分地区，大寒不如小寒冷，但是在某些年份和沿海少数地方，全年最低气温仍然会出现在大寒节气内。大寒时节，我国南方大部分地区平均气温多为6 ~ 8℃，比小寒高出近1℃，“小寒大寒，冷成一团”。所以，继续做好农作物防寒工作，注意保护牲畜安全过冬。

对于某些作物，在一定生育期内需要有适当的低温。冬性较强的小麦、油菜，通过春化阶段就要求较低的温度，否则，不能正常生长发育。我国南方大部分地区常年冬暖，过早播种的小麦、油菜往往长势太旺，提前拔节、抽薹，抗寒能力大大减弱，容易遭受低温霜冻的危害。

小寒、大寒是一年中雨水最少的时期。常年大寒节气，我国南方大部分地区雨量仅较前期略有增加，华南大部分地区为5 ~ 10毫米，西北高原山地一般只有1 ~ 5毫米。华南地区越冬作物这段时间耗水量较小，一般农田水分供求矛盾并不突出。不过“苦寒勿怨天雨雪，雪来遗到明年麦”，在雨雪稀少的情况下，不同地区适时浇灌，对小麦作物生长无疑是大有好处的。

大寒时期的主要农事活动：结合过春节大搞卫生，积攒肥料；加强大棚、小拱棚瓜菜管理；管理好林木果树；加强畜禽越冬管理，防止牲畜啃青。

二、二十四节气的习俗

1. 立春

春季的习俗活动，主要是“迎春接福”、鞭牛等各种仪式，可以说是为了迎春；祭祖、踏青等活动可以说是接福，接受天地自然的生命能量。

立春是二十四节气中的第一个，意指春天的来临。立春既是一个古老的节气，也曾是一个重大的节日。据文献记载，周朝有迎接立春的仪式。大立春前三日，天子开始斋戒；到了立春日，亲率三公九卿诸侯大夫，到东方八里之郊迎春，祈求丰收。

据宋代高承编撰的《事物纪原》记载：“周公始制立春土牛，盖纵出土牛以示农耕早晚。”据此可知，早在周朝时就有用于农事的“土牛”了。宋代以前，土牛放置几日乃至七日才除掉，可是，宋代却是打完立即除掉。人们蜂拥而上，互相抢夺，得到土牛块的人家，预示着养蚕种田都将十分顺利。立春前迎春神的同时，还组织装扮成历史人物进行表演。

2. 雨水

雨水期间有正月十五的元宵节、正月二十五的填仓节，还有正月二十六的梅花节等。民间传正月二十五是仓神的生日，农家、粮户以及与粮仓有关的行业均要设供致祭，并有填仓、打囤之俗。农历二月二介于雨水和惊蛰期间，这天为春龙节，过去的民间香会要耍龙灯、祭龙王，祈求一年的风调雨顺。

“二月二龙抬头”这句话来源自古代天文学。古代天文学用二十八宿表示日月星辰在天空的位置，同时也用来判断季节。其中角、亢、氐、房、心、尾、箕七宿组成了一个完整的龙形星座，角宿恰似龙角。每到二月，龙角星便会从东方地平线上出现，因此，称为“龙抬头”。这一天，人人都要理发，意味着龙抬头，走好运，给小孩理发叫“剃龙头”。

3. 惊蛰

惊蛰，一般在农历二月前后，因此，也称为“二月节”。这天要举行仪式，祭祀雷公，祈求一年雨水充足。惊蛰期间，百虫“惊而出走”，从泥土、洞穴中出来，或殃害庄稼，或滋扰生活。在陕、甘、苏、鲁等省份，人们把黄豆、芝麻放在锅里翻炒，“噼啪”有声，以求驱除害虫、风调雨顺。男女老少争相抢食炒熟的黄豆，谓之“吃虫”，意喻人畜无病无灾，庄稼不生害虫。

4. 春分

立春后的第五个戊日，约在春分前后是春社日。古代春社日，官府和民间皆祭社神，祈求丰年。南方各地在这一天要演戏酬神，称社戏，还以社糕、社酒馈赠亲友。春分期间的娱乐项目有立蛋、荡秋千、放风筝和斗草等。据史料记载，春分立蛋的传统起源于4 000年前的中国，人们以此庆祝春天的来临。据说，春分这天最容易把鸡蛋立起来，我国很多地方都会举行立蛋比赛。春分期间还是放风筝的好时候，风筝类别众多、风格各异。清朝文人高鼎《村居》曰：“草长莺飞二月天，拂堤杨柳醉春烟。儿童散学归来早，忙趁东风放纸鸢。”

5. 清明

清明节在人们的印象中，祭扫是主要活动。上坟时清除杂草，铲新土，压坟顶，以示后代子孙已尽孝祭祖。旧时上坟食品为青糍、麻糍（乌米饭）。

思念故去的亲人，除了祭祀以外，还要在门窗上插挂杨柳，女子头发簪柳梢，小孩头上戴柳圈。

踏青，又叫春游。古时叫探春、寻春等。三月清明，春回大地，自然界到处呈现一派生机勃勃的景象，正是郊游的大好时光。我国民间长期保持着清明踏青的习惯。

6. 谷雨

谷雨期间，民间流行除杀五毒的习俗。谷雨以后气温升高，病虫害猖獗，农家一边进田灭虫，一边张贴谷雨帖，驱凶纳吉。这一习俗在山东、山西、陕西地区十分流行。

谷雨节也是陕西白水县群众祭祀仓颉的日子。每逢这一天，地处三县之交的仓颉庙便聚集了来自四邻八乡的群众，形成了年复一年的盛大庙会，隆重拜祭文化之祖。

谷雨前后牡丹花开，因此，牡丹花也被称为“谷雨花”。“谷雨三朝看牡丹”，赏牡丹成为人们闲暇重要的娱乐活动。

春季温度适中、雨量充沛，茶树经过冬季的休养生息，无论色季、口味还是香气，都达到了最好的状态。人们认为明前茶和谷雨时节采制的雨前茶，是一年之中茶的佳品。茶农们甚至认为，只有在谷雨这天采的茶叶，才算得上是真正的谷雨茶，而且要求茶叶必须在上午采摘。

对于渔家而言，谷雨流行祭海习俗。谷雨时节海水回暖，鱼群游至浅海地带，正是捕鱼的好日子。谷雨这天渔民要举行海祭，祈祷捕鱼丰收，这一习俗在今天山东胶东荣成一带仍然流行。

7. 立夏

早在古代，君王们常在夏季初始的日子到城外去迎夏，这天就是立夏日。立夏这天，在屋梁或大树上挂一杆大秤，孩子坐在箩筐内称重，孩子体重增加了叫“发福”，体重减了叫“消肉”。据说孩子立夏称了体重之后，就不怕夏季炎热，不会消瘦。人们用丝线编成蛋套，装入煮熟的鸡蛋、鸭蛋，挂在小孩子脖子上。有的还在蛋壳上画画，小孩子相互比试，称为“斗蛋”。

8. 小满

小满是炎热夏季的开始，预示着庄稼的收获，也是人容易患病的时节，民间向来有“善正月，恶五月”的说法。端午节处于小满和芒种之间，别称“龙舟节”“诗人节”“粽子节”。端午节有喝雄黄酒、吃粽子的食俗，还要划龙船。

9. 芒种

由于芒种是在农历五月，已经过了花期，文人、闲人和多情之人忘不了祭祀花神。农家在芒种要不误农时，抓紧劳作。在巴渝地区，有“芒种忙种，碰到亲家不说话”的谚语。芒种期间空气中的湿度增加，人体的汗液无法通畅地发散出来，所以人们在这个时节比较懒散。要多补水，适当午睡，还可以嚼一嚼煮过的青梅。

10. 夏至

夏至，古时又称“夏节”“夏至节”，人们通过祭神以祈求灾消年丰。夏至的民俗活动，多是为丰收做准备。山东临沂地区有给牛改善饮食的习俗，伏日煮麦仁汤给牛喝，牛喝了身子壮，能干活，不淌汗。在多旱的北方，夏至流行求雨，祈求风调雨顺。

11. 小暑

小暑时节，各地“食新”，即尝食新米、喝新酒。在农历六月六这天，民间有晒书画、衣物的习俗，据说可以避免被虫蛀，所以有“六月六，晒红绿”的说法。农历六月二十四，是荷花仙子的生日，如今在济南大明湖仍要举办活动，人们披红戴绿，点亮荷花灯，放入湖中，以示庆祝。

12. 大暑

在台州一带有个特殊的风俗，每年都要在大暑前后送“大暑船”下海，以祭祀海神。渔民们还表演踩高跷、舞龙、抬阁等节目。活动一直持续到中午退潮时，欢乐的人群才渐渐散去。

彝族在大暑过火把节，主要活动有斗牛、斗羊、斗鸡、赛马等。

13. 立秋

早在周代，逢立秋那日，天子亲率三公九卿诸侯大夫到西郊迎秋，举行祭祀仪式。

立秋那天，满街都有卖楸叶的，妇女和儿童把楸叶剪成花样，戴在头上。戴楸叶的习俗，至今在胶东、鲁南一些地区仍有保留。立秋还有一些卫生防疫方面的习俗，如服食小赤豆。

14. 处暑

一般情况下，处暑都位于农历七月的中下旬，处暑前后有一个民间传统的祭祀节日，叫“中元节”。中元节是一种传统文化，反映了古人视死如生的哲学观。中元节的祭祀除了宣扬怀念祖先的孝道外，还反映了古人推己及人、乐善好施的品质。

15. 白露

俗语云：“处暑十八盆，白露勿露身。”这些都是提醒人们在白露后，夜晚睡觉时要盖上被子，以免着凉。白露是太湖人祭禹王的日子。祭禹王的香会每年四期，分别在正月初八、清明、七月初七、白露进行。其中，清明、白露的春秋两祭规模最大，春祭 6 天，秋祭 7 天。两祭期间每天都要唱一台戏，每台戏四出，两出是文戏，两出是武戏，四出戏中必有一出是《打渔杀家》。

16. 秋分

古代帝王的礼制中有春秋二祭：春祭日，秋祭月。最初祭月的日子在“秋分”这一天。“秋分”节气在八月内每年不同，所以秋分这一天不一定有月亮。人们把祭月的日子固定在了八月十五，秋祭月也就演变成了“中秋节”，所以“秋分”的习俗和“中秋”相同，北京人又叫做八月节。北京的月坛，就是明嘉靖年间为皇家祭月建造的。

中秋佳节，人们最主要的活动是赏月和吃月饼。在宋代，中秋赏月之风更盛，据《东京梦华录》记载：“中秋夜，贵家结饰台榭，民间争占酒楼玩月。”每逢这一日，京城的所有店家、酒楼都要重新装饰门面，牌楼上扎绸挂彩，出售各种新鲜佳果和精制食品，夜市热闹非凡。明清以后，中秋节赏月风俗依旧，许多地方形成了烧斗香、树中秋、点塔灯、放天灯、走月亮、舞火龙等特殊风俗。

17. 寒露

寒露、霜降期间，有一个重要的节日，就是农历九月初九的重阳节。据研究，重阳节在汉代就已成为固定节日，有戴茱萸、饮菊花酒、登高的民俗活动。有的地方无山可登，就用吃“糕”来代替登高，所以重阳节还要吃“重阳糕”。每年农历九月中旬，台湾高山族中的阿美人便选择一个月明如昼的夜晚，载歌载舞，欢庆丰收，称为“观月祭”。

18. 霜降

在霜降民间有好多民俗活动，以祛凶迎祥，求得生活顺利、庄稼丰收。例如，在山东烟台等地，有霜降西郊迎霜的做法；在广东高明一带，霜降前有“送芋鬼”的习俗。霜降期间的这些仪式，表现了人们朴素的吉祥观念。

19. 立冬

立冬与立春、立夏、立秋合称“四立”，在古代社会中是个重要的节日，帝王率领文武百官到京城北郊设坛祭祀，成了以后历朝历代都要举行的仪式。民间更注重立冬的吉祥意义，制作纸扎焚烧以祭奠祖先。十月初一为送寒衣节，为逝者送寒衣。

旧时立冬，河南、江苏、浙江一带民间还有用各种香草、菊花、金银花煎汤沐浴的活动，称为“扫疥”，以治愈疾病，保证健康过冬。如今在哈尔滨，黑龙江省冬泳协会的健儿则横渡松花江，以冬泳方式迎接立冬。

20. 小雪

北方小雪以后，果农开始为果树修枝，以草秸编箔包扎树干，以防受冻。

蔬菜多采用土法储存，或用地窖，或用土埋。包头农村有风俗习惯，每到小雪、大雪，村民们便开始杀猪宰羊准备年货。南方小雪开始准备御寒衣、手炉之类，同时房内挂棉帘防寒。南京有谚云：“小雪腌菜，大雪腌肉。”小雪以后，家家户户开始腌制、风干各种蔬菜，包括白菜、萝卜和鸡鸭鱼肉等，以备过冬食用。

21. 大雪

俗话说：“大雪纷纷是旱年，造塘修仓莫等闲。”男人们忙于冬日兴修水道、积肥造肥、修仓、粮食入仓等事务，而妇女们则三五成群，扎堆做针线活。这期间猪肉价格会小幅上涨，原因是人们开始腌肉，以备过年之用。手艺之家开始印年画、磨豆腐、编筐、编篓等，赚钱补贴家用。

22. 冬至

“冬至大如年”，冬至前一天，亲朋好友互相赠送食物，称冬至盘。这天晚上人们设宴饮“节酒”，过冬至夜。人们说“数九寒冬”，就是以冬至为起点，9 天为一个时间段开始数的。各地有不同版本的数九歌。

河南：“一九二九，不能伸手；三九四九，冰冰上走；五九六九，抬头看杨柳；七九河冻开，八九燕子来；九九杨落地，十九杏花开；九尽花不开，果子摆满街。”这则数九歌主要说物候，最后一联是一条果农的经验。

四川：“一九二九，怀中插手；三九四九，冻死猪狗；五九六九，沿河看柳；七九六十三，路上行人把衣宽；八九七十二，猫狗打架卧阴地；九九八十一，乡下农夫田中犁。”从这则九九歌可以看出，四川人比较关心猪、狗、猫等动物，毕竟是家产。

江苏：“一九二九，背起粪篓；三九四九，拾粪老汉满街走；五九六九，修滩挖沟；七九六十三，家家户户把种浸；八九七十二，修车装板儿；九九又一九，扶着犁耧满地走。”江苏的农民真勤劳，不管天多冷，一九都不歇，数九歌句句都是干农活。

黑龙江：“一九初寒去河东；二九朔风冷飕飕；三九隆冬天气寒；四九霏霏降雪霜；五九迎春地气温；六九融河冰在消；七九河开露水流；八九雁来南北飞；九九山青百鸟鸣。”

北京：“一九二九，不出手；三九四九，冰上走；五九六九，养花看柳；七九河开；八九雁来；九九又一九，遍地耕牛走。”

23. 小寒

俗话说：“小寒大寒，冷成冰团。”南京人在小寒喜欢体育锻炼，如跳绳、踢毽子、滚铁环、挤油油（靠着墙壁相互挤）、斗鸡等。如果遇到下雪，则打雪仗、堆雪人，很快就会全身暖和、血脉通畅。

小寒或大寒期间的腊月初八是释迦牟尼佛祖成道纪念日，各地寺院会举办浴佛会、诵经，将腊八粥赠送给善男信女。

24. 大寒

旧俗搬家、破土、安葬都要查方向、选日期，禁忌很多，怕碰到“太岁”。但认为交大寒后（有的地方是在“大寒”5日后）到立春之前，乃新旧“太岁”交承之时，此时搬家、破土、安葬，不论什么方向都无凶吉，故有大事都会等到大寒后办理。

大寒时常与岁末相重合，因此，除干农活外，还要为过年奔波——赶年集、买年货、写春联，除陈布新，腌制各种腊肠、腊肉，或烹制鸡鸭鱼肉等各种年肴。

“腊月歌”编得好，“二十三，糖瓜黏，灶君老爷要上天。二十四，扫房子；二十五，磨豆腐；二十六，去割肉（炖炖肉）；二十七，宰公鸡（杀灶鸡）；二十八，把面发；二十九，蒸馒头；三十晚上熬一宿，大年初一扭一扭。”

过去说，“大寒大寒家家刷墙，刷去不祥；户户糊窗，糊进阳光。”大寒期间搞卫生，可能和过年有关吧。

三、二十四节气的食俗

1. 立春

立春时节食春盘。春盘就是把生菜、果品、饼、糖等放在盘中食用，取迎春之意。春盘中的蔬菜都是应季的，如蓼芽、蒿、笋、韭、萝卜等。明清时春饼也叫咬春、春卷，春卷已成为民间小食和宫廷名点。春盘中不能缺少的一样东西是萝卜。立春日把好吃、好看的东西装入春盘并食用，称为“咬春”。在立春日喝药酒，目的是驱邪、除病、保健。

2. 雨水

元宵节的时令食品是元宵，又名汤圆、汤团。宋代时出现汤圆，当时叫浮圆子。明清以后，吃元宵成为全国习俗。填仓节在古代是一个隆重的节日，每当填仓节到来，亲朋往来，待客至诚，佳菜盛餐，醉饱方归。处于雨水和惊蛰期间的二月二春龙节，人们把丰盛的供品献给龙王以求风调雨顺。在元宵节，摊煎饼和吃炒豆的人也多。

3. 惊蛰

惊蛰万物复苏，过冬的虫卵也开始孵化。为了保佑五谷丰登、人畜平安，人们想尽办法消灭虫害。山东一带流行天井里摊饼烧鏊子，意思是通过烟熏火燎将家中的害虫杀死。山西有惊蛰吃梨的食俗，梨谐音“离”，吃梨寓意与害虫别离。

4. 春分

民谚说：“吃了荠菜，百蔬不鲜。”在人们的心中，仿佛只有挖了荠菜、吃了荠菜，春天才会真的到来。荠菜与肉拌馅，包馄饨、包饺子、包春卷，味道鲜美。荠菜的做法很多，或凉拌，或素炒，或做馅，都清香新鲜。荠菜不仅好吃，还是一味不用花钱的良药，具有清热解毒、凉血止血、明目降压的作用。

5. 清明

清明时节，江南一带有吃青团的风俗。青团是采用清明茶、青艾、棉菜（又称鼠曲草、佛耳草，有止咳化痰的作用）或雀麦草汁、糯米粉捣制，再以豆沙为馅制作而成。青团油绿如玉，糯韧绵软，清香扑鼻，吃起来甜而不腻，肥而不腴。青团是江南人用来祭祀祖先的必备食品。除青团外，农村中还有蒸制蒿饼的习俗。蒿饼类似江南的青团，采新蒿嫩芽和糯米同舂，使蒿汁与米粉融合成一体，以肉、蔬菜、豆沙、枣泥等作馅，纳于花模中，用新芦叶垫底入笼蒸熟。蒿饼颜色翠绿且带有植物清香，是清明祭祖的食品之一，也用来馈赠或款待亲友。

清明节和过去的寒食节已合二为一，所以清明节的食俗还包括过去的寒食，如馓子。馓子，又名环饼，即古之寒食，系用蜂蜜调水和面经油炸而成。北方馓子“大方洒脱”，以麦面为主料；南方馓子“精巧细致”，多以米面为主料。

此外，我国南北各地在清明佳节时，还有食鸡蛋、蛋糕、夹心饼、清明粽、馍糍、清明粑、干粥等习俗。

6. 谷雨

“谷雨吃饼，立秋食面。”谷雨前的香椿肥嫩味美，正如人们所说的“雨前香椿嫩无丝”，吃香椿一定要摘嫩芽，俗称“香椿芽儿”。香椿炒鸡蛋、香椿拌豆腐是最常见的吃法。谷雨前后，新生的榆钱鲜嫩清鲜，采回择洗干净。先在锅中加水放入榆钱，开锅后关火。加入适量玉米面或者白面，搅拌均匀，用手捏成一个个小饼，然后用小火蒸熟即可。榆钱小饼黄绿相间，令人齿颊生香。槐花、苜蓿花也可照此食用。

谷雨茶，与清明茶同为一年之中的佳品，在谷雨时节采制，又叫二春茶。春季温度适中、雨量充沛，茶树经过冬季的休养生息，发出的春梢芽叶肥硕、色泽翠绿，富含多种维生素和氨基酸。谷雨茶除了嫩芽外，还有一芽一嫩叶或一芽两嫩叶的。一芽一嫩叶的茶叶泡在水里，像古代展开旌旗的枪，称为旗枪；一芽两嫩叶则像一个雀类的舌头，称为雀舌。谷雨茶滋味鲜活，香气宜人。

7. 立夏

立夏时节一部分作物收割，各地都有尝新的习俗。安徽城乡用嫩蚕豆或豌豆、鲜笋、肉煮糯米饭吃，谓之“尝新”；扬州人吃新上市的樱桃、青蚕豆、蒜苗、苋菜等，谓之“立夏尝鲜”。杭州立夏日要吃“三烧、五腊、九时新”。“三烧”者，烧饼、烧鹅、烧酒。“五腊”者，黄鱼、腊肉、盐蛋、海蛳、清明狗。“九时新”者，樱桃、梅子、鲥鱼、蚕豆、苋菜、黄豆笋、玫瑰花、乌饭糕、莴苣笋。上海郊县农民把青梅、酒酿和鲜蛋叫做“三新”。无锡民间的“尝三鲜”分地三鲜、树三鲜、水三鲜。地三鲜即蚕豆、苋菜、黄瓜，树三鲜即樱桃、枇杷、杏子，水三鲜即海蛳、鲥鱼、河豚。

北方大部分地区立夏有制作面食的习俗，意在庆祝小麦丰收，主要有夏饼、面饼和春卷 3 种。夏饼又称麻饼，形状各异。面饼，有甜、咸两种，咸面饼的用料有肉丝、韭菜等，蘸蒜泥食用；甜面饼则多加砂糖。春卷，是用精制的薄面饼，包着炒熟的豆芽菜、韭菜和肉丝等馅料，炸到微黄时捞起食用。

立夏的食俗，第一是尝鲜，第二是祈福，第三是养精蓄锐，以备从事繁重的农事劳动。

8. 小满

小满时节，麦类、谷物等农作物子粒开始饱满，但尚未成熟，恰是青黄不接的时候。田间地头的野菜正蓬勃生长，以前人们吃苦菜是为了充饥，如今却是为了尝个新鲜，清除体内油腻。苦菜烹饪方法有清炒、凉拌、炒肉、腌制、做汤、做馅等，花样多、味道好。

小满期间有端午节，端午食粽，一般都用箬叶包糯米，著名的有桂圆粽、肉粽、水晶粽、莲蓉粽、蜜饯粽、板栗粽、辣粽、酸菜粽、火腿粽、咸蛋粽等。

9. 芒种

芒种时节有煮梅的食俗，早在夏朝便已经有了。正月开花的梅树在此时已经结出梅子。由于梅子味道酸涩，很难直接入口，需要煮后才能食用。煮梅的方法有很多种，最简单的是加糖与梅子一同煮；或用糖与晒干的青梅混拌均匀，使梅汁浸出；或用盐与梅子一同煮，比较考究的还要加入紫苏。我国北方产的乌梅很有名气，与甘草、山楂、冰糖一同煮，便制成了消夏佳品　　酸梅汤。如再加入桂花卤，冰镇后饮用，则味道更佳。现在有很多加工的梅干蜜饯，如话梅、奶梅、甘草梅等，都很受人们的欢迎。

10. 夏至

据史料记载，我国从汉代就有过夏至节的习俗。各地夏至食俗虽有养异，但吃面却是相通的。因夏至时新麦已经晒场，所以夏至食面有尝新的意思。夏季蚊虫多、雨水多，人易感染痢疾等肠道疾病，因此，在夏至时还有吃大葱、大蒜的习俗。

夏至时节是瓜季，人们坐在瓜棚下乘凉，品尝西瓜。西瓜、苦瓜都是清热消暑食品。苏州立夏节喝“七家茶”，伴食凉粉、酸梅汤。

11. 小暑

民谚曰：“小暑黄鳝赛人参。”鳝鱼味鲜柔美，刺少肉厚、细嫩，并且营养丰富、口味独特。小暑食俗，除了滋补以外，还讲究吃新。北方人习惯在小暑用新米做粥喝，可以调理肠胃。为了清热解毒，炒绿豆芽就是小菜首选了。

12. 大暑

大暑热，人要滋补。浙江台州人有大暑吃姜汁调蛋的食俗，姜汁能去除体内湿气，姜汁调蛋“补人”。老年人喜欢吃鸡粥，谓能补阳。福建莆田民间认为大暑这一天要把热气发透，全年方能无灾无病，因而专吃羊肉、荔枝。民间还有“大暑老鸭胜补药”的说法。老鸭、莲藕、冬瓜等煲汤食用，能补虚损、消暑滋阳。江西新干县民间有在大暑天喝擂茶的习俗。“头伏饺子二伏面，三伏烙饼摊鸡蛋。”伏日吃面，这一食俗最早见于三国时期。

13. 立秋

民谚曰："立夏栽茄子，立秋吃茄子"，立秋正是吃茄子的好时候。青岛莱西地区则流行立秋吃"渣"，"渣"就是一种用豆末和青菜做成的小豆腐。杭州一带流行食秋桃。立秋民间素有"贴秋膘"一说，伏天人们胃口差，不少人吃肉，"以肉贴膘"。

14. 处暑

处暑前后，农历七月十五（有些地方七月十四）为中元节，各地食俗不同。在河北南皮县，人们携带水果、肉脯、酒等祭扫祖先。山东陵县称中元节为"掐嘴节"，家家吃粗茶淡饭。江苏东县乡民吃一种以面粉和糖做成畚箕形的食品。浙江天台人们中元节吃"饺饼"，类似北方的春卷。

养生方面，人们认为处暑宜食清热安神之品，如银耳、百合、莲子、蜂蜜、黄鱼、干贝、海带、海蜇、芹菜、菠菜、糯米、芝麻、豆类及奶类。

15. 白露

白露时节庄稼开始收获了，农谚云："处暑高粱白露谷。"苏浙乡间，每年白露一到，家家用谷物酿酒，用以待客。白露酒用糯米、高粱等五谷酿成，略带甜味，故称"白露米酒"。南京的本地人有到白露喝白露茶的习惯。茶树经过夏季的酷热，白露前后正是它生长的极好时期。白露茶既不像春茶那样鲜嫩、不经泡，也不像夏茶那样干涩味苦，而是有一种独特的甘醇清香味。在福州，有白露吃龙眼的风俗。

16. 秋分

秋分期间桂花飘香，人们都会用桂花制作各种美食。桂花是木樨及其变种的花，也称木樨花，我国大部分地区均有栽培。秋季采收桂花，阴干，拣去杂质，密闭储藏备用，亦可鲜用。加入桂花的美食有桂花糕、桂花糖藕等。南京普通的盐水鸭，用桂花卤入味，就变成了"桂花鸭"。在我国不少地方有中秋食芋头的习俗，寓意辟邪消灾。中秋节人们都要吃月饼，以示“团圆”，藕、菱、芋艿也是时令食品。四川人过中秋，还要打粑、杀鸭子，吃麻饼、蜜饼等。中秋节还有美味的螃蟹和田螺可以食用，民间认为中秋田螺可以明目。

17. 寒露

寒露期间有农历九月初九的重阳节。重阳节要吃“重阳糕”，重阳糕的源头是先秦食品“蓬饵”。“蓬”即蓬子，蒿类植物；“饵”即富于黏性的食品，现代汉语辞书多解释为“糕饼”，蓬饵就是用蓬子掺和米粉做成的糕饼。

重阳佳节，民间有饮菊花酒的习俗。采下初开的菊花和一点青翠的枝叶，掺入准备酿酒的粮食中，然后一齐酿，放至第二年九月九才酿熟，所以叫菊花酒。到了明清，菊花酒中又加入多种草药，效果更佳。制作方法为：甘菊花煎汁，酒曲、米酿酒或加地黄、当归、枸杞诸药。

18. 霜降

谚语有“补冬不如补霜降”的说法，认为秋补比“冬补”更重要，在霜降进补会事半功倍。民间霜降有吃煲羊肉、煲羊头、四物老鸭汤等习俗。四物指的是党参、当归、熟地和黄芪 4 种中药，也有专家会推荐小母鸡、牛肉、鸽子肉和兔肉。霜降后天气转凉，人体的气血开始收敛，适宜吃栗子，栗子性味甘温，具有养胃健脾、补肾强筋等功效。泉州民间有吃柿子的习俗，泉州老人的说法是：“霜降吃了柿，不会流鼻涕。”厦门人认为在霜降吃柿子，脸色就会变得像柿子一样红润。按经络理论，柿子归肺和大肠经，对人的呼吸系统有好处，所以“吃柿子不会流鼻涕”。柿子味甘，能滋养脾胃，促进人体的消化吸收功能。

有农谚云：“处暑高粱白露谷，霜降到了拔萝卜。”霜降后气温下降，植物光合作用减弱，抑制了有机酸的合成，加上其他的生化反应，使蔬菜和秋果涩去甜来，味道变得清甜可口。

19. 立冬

在立冬，我国北方特别是北京、天津的人们都爱吃饺子。立冬是秋冬季节之交，故“交子之时”的饺子不能不吃，还有吃南瓜或软枣的风俗。

在福建漳州，农家通常会做一种叫做“交冬糍”的小吃。以糯米为主料，浸泡后蒸熟，迅速放在石臼里捣，直到变得绵软柔韧，再在芝麻、黄豆、花生炒香磨粉拌白砂糖的盘里滚动，即可取食。

“冬令进补”是中国人的传统养生观念。南京人在立冬时，喜欢炖只老母鸡。潮汕人每到立冬，家家户户要吃甘蔗，还会选用人参、当归、枸杞、冬虫夏草、茯苓、黄芪等中药，配上乌鸡、鹧鸪、鸽子、鹌鹑、水鸭等肉类，煲出一锅喷香的养生汤。人们在立冬日吃温补食物的同时，忌吃生冷食物，认为会伤身体。

20. 小雪

南京有小雪腌菜的习俗，小雪人们去菜场采购萝卜、雪里蕻、青菜等，带回家腌，然后暴晒七八个晴日。用滚开水烫上两三次，就可以吃了。小雪期间的农历十月十五，是下元节。下元节人们在家中做糍粑、蒸麻腐包子等，赠送亲友。

21. 大雪

大雪时节乌鱼群因为天气越来越冷，沿水温线向南回流，越汇越多，我国西部沿海都可以捕获，产量非常丰富。“冬节食乌正当时”，在大雪时节人们就把乌鱼当做上等佳肴。

在过去，大雪时节北方的餐桌可就单调一些，鲁北民间有“碌碡顶了门，光喝红黏粥”的说法，意思是天冷不再串门，只在家喝暖乎乎的红薯粥度日。

22. 冬至

冬至大如年，有“吃冬至肉”“供冬至团”“馄饨拜冬”等食俗。“吃冬至肉”是南方人冬至扫墓后，同姓宗族祠堂按人丁分发“胙肉”的食俗。“供冬至团”也见于江南。冬至团是以糯米粉为面团，包肉、菜、糖、果、豇豆、赤豆沙、萝卜丝等，蒸制而成，主要充作供品，也可赠送亲邻或待客。

“馄饨拜冬”是北方的冬至食俗。在南京，冬至要吃小葱烧豆腐。常州人则吃热豆腐。此外，我国南北各地还有饮米酒、吃长线面等食俗。

23. 小寒

到了小寒时节，人们饮食也偏重于暖性食物，如羊肉、狗肉、猪肉、鸡肉、鸭肉、鳝鱼、甲鱼、鲅鱼和海虾等，以及核桃仁、大枣、龙眼肉、芝麻、山药、莲子、百合、栗子等，其中又以羊肉汤最为常见。

在腊八节，北方大多数地方都有腊八粥，纪念佛祖成道。腊八粥是用米、豆、枣、栗子、莲子等煮成。

24. 大寒

大寒已是农历四九前后，南京的特色菜是腌菜头、炖蹄髈。小雪、大寒节气是进补的时节，旧时有“大寒大寒，防风御寒，早喝人参黄芪酒，晚服杞菊地黄丸”的说法。广东民间有大寒用锅蒸煮糯米饭的习俗，家家煮上一锅香喷喷的糯米饭，拌入腊味、虾米、干鱿鱼、冬菇等，食后抵御寒冷。

第三章　中国诗词与“飞花令”

一、中国诗词的特点

诗词，是指以古体诗、近体诗和格律词为代表的中国古代传统诗歌。通常认为，诗较为适合“言志”，而词则更为适合“抒情”。诗词是阐述人心灵的文学艺术，而诗人、词人则需要掌握成熟的艺术技巧，并按照严格韵律要求，用凝练的语言、绵密的章法、充沛的情感以及丰富的意象，来展现社会生活和人类的精神世界。

中国诗起源于先秦，鼎盛于唐代。中国词起源于隋唐，流行于宋代。中国诗词源自民间，其实是一种草根文学。在21世纪的中国，诗词仍然深受普通大众青睐。

1. 什么是诗

诗起源于上古的社会生活，因劳动生产、两性相恋、原始宗教等而产生的一种韵律、富有感情色彩的语言形式。《尚书·虞书》：“诗言志，歌咏言，声依咏，律和声。”《礼记·乐记》：“诗，言其志也；歌，咏其声也；舞，动其容也；三者本于心，然后乐器从之。”早期，诗、歌与乐是合为一体的。诗即歌词，总是配合音乐、舞蹈而歌唱，后来诗、歌、乐、舞各自发展，独立成体，诗与歌统称诗歌。

诗是一种有节奏的、形象生动的语言，高度凝练和集中地反映生活或抒发强烈感情的文学作品。诗是会呼吸的思想，会焚烧的字。中国古代把不合乐的叫“诗”，合乐的叫“歌”，统称为诗歌。

按故事情节，诗分为抒情诗和叙事诗；按语言韵律，诗分为格律诗和自由诗；按音律分类，诗可分为古体诗和近体诗两类；按内容分类，诗可分为叙事诗、抒情诗、送别诗、边塞诗、山水田园诗、怀古诗（咏史诗）、咏物诗、悼亡诗、讽喻诗等。

诗饱含作者的思想感情与丰富的想象，语言精练而形象性强，具有鲜明的节奏，和谐的音韵。语句一般分行排列，注重结构形式的美感。诗的语言特别要求富有音乐性，包括节奏、音调、韵律等，音乐美可以增强作品的表现力和艺术感染力。

五绝：仄起平起

五律：仄起平起

七绝：仄起平起

七律：仄起平起

2. 什么是词

词是属于诗的一种韵文形式，由五言诗、七言诗或是民间歌谣发展而成。词的句子长短不一，按一定的曲调来填写，即词牌；如“满江红”“蝶恋花”“江城子”“西江月”“浪淘沙”等，由曲名发展而成。例如，“西江月”原本是唐朝教坊展柜唱的曲名，后来以这种形式填词，逐渐成为一种词牌。

词原是配乐歌唱的一种诗体，句子的长短随歌调而改变，因此，又叫长短句。词分为小令（58 字内）、中调（59 ~ 90 字）、大调（亦称长调，91 字以上）。词一般分上、下两阕，也称为“片”。

词是合乐的歌词，配合隋唐以来新兴的燕乐。由于这种文体对音乐的依附性，决定了词在体制风格上一系列的特点。首先，词必须有词调，词调是填词时所依据的乐谱，词调的名称叫词牌。有的词牌原来和词的内容有关，如白居易的《忆江南》，内容是回忆江南风物生活。但后人依据《忆江南》这个词牌填词时，仅取其曲调，而内容不必与江南有关。这样一来，词牌仅仅表示一种曲调而已，于是有的词人就在词牌之下另注明题目。

3. 诗词的基本特点

（1）诗词最基本的特点是抒情。

任何一种文学形式的作品，无一例外，都是主体（作家主观的思想感情）和客体（客观的自然界或社会生活）相统一或相融合的产物，但诗歌却是主体性最强、主体特征表现得最为鲜明的一种文学形式，即使是叙事诗，也带有抒情的特色。也就是说，诗人对客观世界、对社会生活的把握和表现是情感式的。因此，我们对诗歌的把握也应该是情感式的。

（2）诗词主要是通过创造意象和意境来传达思想感情的。

什么是诗词的意象和意境呢？意象就是诗人的思想情感与客观物象的融合，而意境则是诗人通过种种意象的创造和连缀所构成的一种充满诗意的艺术境界。意象是局部的、具体的，而意境则是整体的、空灵的。情景交融是意象和意境的共同特征，这是诗人在创造意象和意境时所努力追求的。“思”和“情”都是指诗人主观的思想感情，“境”和“景”都是指客观世界、客观物象，这两方面在诗中是融合在一起的，达到了“偕”和“妙合无垠”的境地。意象和意境的创造都离不开客观的物和景，是经过诗人主观思想感情的筛选、提炼、浸润而成的，是经过诗的升华的。

例如，王维《鸟鸣涧》：

人闲桂花落，夜静春山空。

月出惊山鸟，时鸣深涧中。

王维诗中描写的是友人皇甫岳山居云溪的景色。这里写了寂静山林中的几种景象：落花、空山、月出、鸟鸣、深涧，都是客观存在的，但包含了诗人的独特感受，这就构成了诗的意象。像首句中“人闲”的“闲”字和次句中“夜静”的“静”字，是构成这首诗意象和意境的关键。“桂花”是一种山中常见的木樨花，是春天开的。春桂自开自落，传达出了诗人一种独特的宁静的心境。落花本是客观的，但在这里也是主观的，是诗人王维眼里、心里的落花，是他所感受到的，是带着感情色彩的，这就构成了诗的意象。这首诗由几种意象连缀融合而创造出诗的意境，是一种宁静幽深的艺术境界。

诗的意象和意境，不仅浸润了诗人独特的感受和思想感情，而且还常常体现出诗人不同的气质与个性。与王维诗中的意象与意境那种深微、细腻、含蓄的特点不同，李白诗中的意象和意境就显得开阔、宏大、奔放，这跟他狂放不羁的个性和灵动的艺术想象力是分不开的。如大家十分熟悉的《秋浦歌》第十五首：

白发三千丈，缘愁似个长。

不知明镜里，何处得秋霜？

诗人对愁绪的感受是那么强烈，他的气质和个性又是那么豪放，这时候我们就会觉得这种极度夸张的描写是十分真实的。艺术的魅力不是来自夸张本身，而是来自夸张而真实地表现出诗人的思想感情。

又如：五花马，千金裘，呼儿将出换美酒，与尔同销万古愁。

抽刀断水水更流，举杯消愁愁更愁。

以写愁著称的李清照和秦观，却是另一种写法：

梧桐更兼细雨，到黄昏，点点滴滴。

愁得那么缠绵，那么凝重，那么难于排解。

斜阳外，寒鸦万点，流水绕孤村（秦观《满庭芳》）。

可堪孤馆闭春寒，杜鹃声里斜阳暮（秦观《踏莎行》）。

愁得那么凄凉，那么孤苦，那么寂寞难耐。

不同的意象和意境，不仅表现了诗人不同的生活感受，而且体现了诗人不同的个性和气质。

（3）中国诗词是精练的和含蓄的。

五言绝句只有20个字，七言绝句只有28个字，词中的小令也是二三十个字的居多；古体诗和排律比较长，但上百句的也很少。中国诗词语言形式的精练和意蕴的深厚，是颇具特点的。有一些率直、直抒胸臆的诗，表现手法并不含蓄，但表现的意思比较丰富，也应该算是写得精练的。

（4）中国诗词富于音乐美。

中国古典诗歌的音乐美有两层含义，第一次含义是中国诗词有一部分本来是配乐歌唱的，如汉代的乐府诗和魏晋至唐代的一部分乐府诗都是入乐的，唐宋以后的词和散曲也是配乐歌唱的。词本来称为曲子词，也有称乐府词的，如苏轼的词集就题为《东坡乐府》。这些诗歌作品本来都有与之相配的曲谱，但绝大多数曲谱都没有流传下来。尽管如此，它们的音乐美仍然可以从句式、平仄、押韵等方面体现出来。第二层含义是，中国诗词的语言是讲究音乐美的。特别是近体诗（律诗和绝句）和词曲，讲究句式的整齐或参差变化，讲究节奏和对偶，讲究平仄和押韵，从各方面造就一种节奏和韵律的音乐美感。所以，古人读诗很讲究吟诵，就是从音乐的角度去体会诗歌的内容和诗人的思想感情。

4. 词的两大流派——豪放词派与婉约词派

（1）婉约派。

代表人物：有秦观、李清照，还有从晚唐五代到宋的温庭筠、冯延巳、晏殊、欧阳修等。

主要内容：写男女情爱，离情别绪，伤春悲秋，光景留连等。

风格特点：婉丽柔美，含蓄蕴藉，情景交融，声调和谐。

例如：像柳永的“今宵酒醒何处？杨柳岸，晓风残月”；晏殊的“无可奈何花落去，似曾相识燕归来”；晏几道的“舞低杨柳楼心月，歌尽桃花扇底风”等名句，不愧是情景交融的抒情杰作，风格是典雅涪婉、曲尽情态。

（2）豪放派。

代表人物：苏轼、辛弃疾，还有陈与义、叶梦得、朱敦儒、张孝祥、张元傒、陈亮、刘过等。

据南宋俞文豹《吹剑续录》载：“东坡在玉堂，有幕士善讴，因问：‘我词比柳词何如？’对曰：‘柳郎中词，只合十七八女孩儿执红牙拍板，唱杨柳岸晓风残月。学士词，须关西大汉，执铁板，唱大江东去。’公为之绝倒。”这则故事，表明两种不同词风的对比。南宋人已明确地把苏轼、辛弃疾作为豪放派的代表，以后遂相沿用。

主要内容：豪放词作是从苏轼开始的。他把词从娱宾遣兴的天地里解助出来，发展成独立的抒情艺术。“无言不可入，无事不可入”，抒写范围广阔，如山川胜迹、农舍风光、优游放怀、报国壮志等，使词从花间月下走向了广阔的社会生活。

二、“飞花令”

酒令是酒文化的重要组成部分，它在筵席上是助兴取乐的饮酒游戏，萌生于儒家的“礼”，最早诞生于周。饮酒行令既是古人好客传统的表现，又是他们饮酒艺术与聪明才智的结晶。飞花令，原本是古人行酒令时的一种文字游戏，源自古人的诗词之趣，得名于唐代诗人韩翃《寒食》中的名句“春城无处不飞花”。其实在唐代，带有“飞花”二字的诗句不少，如武元衡的“飞花寂寂燕双双”，顾况的“飞花檐卜旃檀香”，薛稷的“飞花乱下珊瑚枝”，薛曜的“飞花藉藉迷行路”等。只有“春城无处不飞花”被公认为“飞花令”的缘起，其原因大致有二，一是韩翃是唐德宗李适欣赏的诗人，其二是韩翃本人也是好酒之人，其诗作中不少都和酒有关。

1. 游戏规则

古代的飞花令，要求对令人所对出的诗句要和行令人吟出的诗句格律一致，而且规定好的字出现的位置同样有着严格要求。这些诗可背诵前人诗句，也可临场现作。

行飞花令时可选用诗和词，也可用曲，但选择的句子一般不超过 7 个字。例如，酒宴上甲说一句第一字带有“花”的诗词，“花近高楼伤客心”。乙要接续第二字带“花”的诗句，“落花时节又逢君”。丙可接“春江花朝秋月夜”，“花”在第三字位置上。丁接“人面桃花相映红”，“花”在第四字位置上。接着可以是“不知近水花先发”、“出门俱是看花人”、“霜叶红于二月花”等。到花在第七个字位置上则一轮完成，可继续循环下去。

行令人一个接一个，当作不出诗、背不出诗或作错、背错时，由酒令官命令其喝酒。

在酒宴上，行令方式还可以有一些变化，如直接说一句带“花”字的诗，“花”字在诗中的位置对应到某客人，此客人再接，如果正好对应到自身，则罚酒。如行令人说“牧童遥指杏花村”，“花”在第六字位置上，从行令人开始数到第六人接令，如果第六人刚好是行令人自己，则行令人喝酒。

此外，还有另外一种行令方法：行“飞花令”时，诗句中第几个字为“花”，即按一定顺序由第几个人喝酒。如巴金的小说《家》中有这样一段描写：“淑英说一句‘落花时节又逢君’，又该下边的淑华吃酒。”

2. 现代改良

河北卫视《中华好诗词》栏目全国首先采用改良的“飞花令”对决，与后来采用的中央电视台《中国诗词大会》“飞花令”基本相同，选手能在规定时间内说出含有规定关键字的诗句即可。

中央电视台《中国诗词大会》中，节目组引进并改良了“飞花令”，为每场比赛设置一个关键字，不再仅用“花”字，而是增加了“云”“春”“月”“夜”等诗词中出现的高频字，在场上选手完成答题后，由选手得分最高者和百人团答题成绩的第一名，来到舞台中间，轮流背诵含有关键字的诗句，直到有一方背不出，则另一方获胜。获胜者直战擂主。

这种“飞花令”是真正诗词高手之间的对抗，挑战者必须在极短时间内完整说出一联含有约定关键字的诗句。这不仅考察选手的诗词储备，更是临场反应和心理素质的较量，因而“飞花令”的竞赛感很强，电视观赏性很高。比起古人的规则，《中华好诗词》和《中国诗词大会》中现场的“飞花令”要求相对简单得多，对诗句要求没有古代那样严格，选手只要背诵含有约定关键字且诗句不要与双方说过的重复即可，而对关键字的位置则没有要求。

1. 夜来风雨声，花落知多少。——孟浩然《春晓》
2. 野火烧不尽，春风吹又生。——白居易《草》
3. 随风潜入夜，润物细无声。——杜甫《春夜喜雨》
4. 长风几万里，吹度玉门关。——李白《关山月》
5. 春风不相识，何时入罗帏。——李白《春思》
6. 羌笛何须怨杨柳，春风不度玉门关。——王之焕《出塞》
7. 风吹柳花满店香，吴姬压酒劝客尝。——李白《金陵酒肆留别》
8. 桃李春风一杯酒，江湖夜雨十年灯。——黄庭坚《寄黄几复》

9. 风急天高猿啸哀，渚清沙白鸟飞回。——杜甫《登高》

10. 人面不知何处去，桃花依旧笑春风。——崔护《题都城南庄》

11. 千里黄云白日曛，北风吹雁雪纷纷。——高适《别董大》

12. 帘卷西风，人比黄花瘦。——李清照《醉花阴》（薄雾浓云愁永昼）

13. 北风卷地白草折，胡天八月即飞雪。——岑参《白雪歌送武判官归京》

14. 柴门闻犬吠，风雪夜归人。——刘长卿《逢雪宿芙蓉山主人》

1. 桃花

桃花潭水深千尺，不及汪伦送我情。——李白《赠汪伦》

人间四月芳菲尽，山寺桃花始盛开。——白居易《大林寺桃花》

竹外桃花三两枝，春江水暖鸭先知。——苏轼《惠崇春江晚景》

去年今日此门中，人面桃花相映红。

人面不知何处去，桃花依旧笑春风。——崔护《题都城南庄》

西塞山前白鹭飞，桃花流水鳜鱼肥。——张志和《渔歌子·西塞山前白鹭飞》

桃花坞里桃花庵，桃花庵下桃花仙。——唐寅《桃花庵歌》

2. 杏花

小楼一夜听春雨，深巷明朝卖杏花。——陆游《临安春雨初霁》

借问酒家何处有，牧童遥指杏花村。——杜牧《清明》

沾衣欲湿杏花雨，吹面不寒杨柳风。——志南《绝句》

燕子不归春事晚，一汀烟雨杏花寒。——戴叔伦《苏溪亭》

3. 梨花

燕子来时新社，梨花落后清明。——晏殊《破阵子·春景》

忽如一夜春风来，千树万树梨花开。——岑参《白雪歌送武判官归京》

梨花院落溶溶月，柳絮池塘淡淡风。——晏殊《无题·油壁香车不再逢》

玉容寂寞泪阑干，梨花一枝春带雨。——白居易《长恨歌》

寂寞空庭春欲晚，梨花满地不开门。——刘方平《春怨》

4. 梅花

寒梅最堪恨，常作去年花。——李商隐《忆梅》

已是悬崖百丈冰，犹有花枝俏。

待到山花烂漫时，她在丛中笑。——毛泽东《卜算子·咏梅》

宝剑锋从磨砺出，梅花香自苦寒来。——《警世贤文》

偷来梨蕊三分白，借得梅花一缕魂。——曹雪芹《咏白海棠》

5. 菊花

待到重阳日，还来就菊花。——孟浩然《过故人庄》

待到秋来九月八，我花开后百花杀。——黄巢《不第后赋菊》

黄四娘家花满蹊，千朵万朵压枝低。——杜甫《江畔独步寻花·其六》

不是花中偏爱菊，此花开尽更无花。——元稹《菊花》

6. 荷花

有三秋桂子，十里荷花。——柳永《望海潮·东南形胜》

兴尽晚回舟，误入藕花深处。——李清照《如梦令·常记溪亭日暮》

接天莲叶无穷碧，映日荷花别样红。——杨万里《晓出净慈寺送林子方》

7. 桂花

人闲桂花落，夜静春山空。——王维《鸟鸣涧》

何须浅碧深红色，自是花中第一流。——李清照《鹧鸪天·桂花》

8. 菜花

儿童急走追黄蝶，飞入菜花无处寻。——杨万里《宿新市徐公店》

梅子金黄杏子肥，麦花雪白菜花稀。——范成大《四时田园杂兴·其二》

9. 稻花

一畦春韭绿，十里稻花香。——曹雪芹《菱荇鹅儿水》

稻花香里说丰年，听取蛙声一片。——辛弃疾《西江月·夜行黄沙道中》

10. 荻花

浔阳江头夜送客，枫叶荻花秋瑟瑟。——白居易《琵琶行》

11. 杨花

杨花落尽子规啼，闻道龙标过五溪。——李白《闻王昌龄左迁龙标遥有此寄》

12. 牡丹

唯有牡丹真国色，花开时节动京城。——刘禹锡《赏牡丹》

1. 孤舟蓑笠翁，独钓寒江雪。——柳宗元《江雪》
2. 晚来天欲雪，能饮一杯无？——白居易《问刘十九》
3. 柴门闻犬吠，风雪夜归人。——刘长卿《逢雪宿芙蓉山主人》
4. 燕山雪花大如席，片片吹落轩辕台。——李白《北风行》
5. 遥知不是雪，为有暗香来。——王安石《梅花》
6. 千里冰封，万里雪飘。——毛泽东《沁园春·雪》

7. 白雪却嫌春色晚，故穿庭树作飞花。——韩愈《春雪·新年都未有芳华》

8. 小山重叠金明灭，鬓云欲度香腮雪。——温庭筠《菩萨蛮》

9. 草枯鹰眼疾，雪尽马蹄轻。——王维《观猎》

10. 人生到处知何似，恰似飞鸿踏雪泥。——苏轼《和子由渑池怀旧》

11. 窗含西岭千秋雪，门泊东吴万里船。——杜甫《绝句·两个黄鹂鸣翠柳》

12. 云横秦岭家何在，雪拥蓝关马不前。——韩愈《左迁至蓝关示侄孙湘》

13. 君不见高堂明镜悲白发，朝如青丝暮成雪。——李白《将进酒》

14. 欲渡黄河冰塞川，将登太行雪满山。——李白《行路难三首》

15. 夜深知雪重，时闻折竹声。——白居易《夜雪》

1. 明月松间照，清泉石上流。——王维《山居秋暝》

2. 海上生明月，天涯共此时。——张九龄《望月怀远》

3. 月上柳梢头，人约黄昏后。——欧阳修《生查子·元夕》

4. 床头明月光，疑是地上霜。举头望明月，低头思故乡。——李白《静夜思》

5. 明月几时有，把酒问青天。人有悲欢离合，月有阴晴圆缺，此事古难全。——苏轼《水调歌头》

6. 月落乌啼霜满天，江枫渔火对愁眠。——张继《枫桥夜泊》

7. 停车坐爱枫林晚，霜叶红于二月花。——杜牧《山行》

8. 春江潮水连海平，海上明月共潮生。——张若虚《春江花月夜》

9. 不知细叶谁裁出，二月春风似剪刀。——贺知章《咏柳》

10. 料得年年肠断处，明月夜，短松冈。——苏轼《江城子·乙卯正月二十日夜记梦》

11. 举杯邀明月，对影成三人。——李白《月下独酌》
12. 露从今夜白，月是故乡明。——杜甫《月夜忆舍弟》
13. 秦时明月汉时关，万里长征人未还。——王昌龄《出塞》
14. 二十四桥明月夜，玉人何处教吹箫。——杜牧《寄扬州韩绰判官》
15. 醉不成欢惨将别，别时茫茫江浸月。
16. 东船西舫悄无言，唯见江心秋月白。
17. 去来江口守空船，绕船月明江水寒。——白居易《琵琶行》
18. 我欲因之梦吴越，一夜飞渡镜湖月。——李白《梦游天姥吟留别》
19. 人生得意须尽欢，莫使金樽空对月。——李白《将进酒》
20. 寒塘渡鹤影，冷月葬花魂。——曹雪芹《红楼梦》
21. 人生如梦，一樽还酹江月。——苏轼《念奴娇·赤壁怀古》
22. 故人西辞黄鹤楼，烟花三月下扬州。——李白《送孟浩然之广陵》

23. 会挽雕弓如满月，西北望，射天狼。——苏轼《江城子·密州出猎》

24. 无言独上西楼，月如钩。寂寞梧桐深院锁清秋。——李煜《相见欢》

25. 三十功名尘与土，八千里路云和月。——岳飞《满江红》

26. 疏影横斜水清浅，暗香浮动月黄昏。——林逋《山园小梅》

27. 春花秋月何时了？往事知多少。小楼昨夜又东风，故国不堪回首月明中。——李煜《虞美人》

28. 春风又绿江南岸，明月何时照我还？——王安石《泊船瓜洲》

29. 今宵酒醒何处？杨柳岸，晓风残月。——柳永《雨霖铃》

30. 鸟宿池边树，僧敲月下门。——贾岛《题李凝幽居》

31. 明月别枝惊鹊，清风半夜鸣蝉，稻花香里说丰年，听取蛙声一片。——辛弃疾《西江月·夜行黄沙道中》

32. 缺月挂疏桐，漏断人初静。——苏轼《卜算子》

33. 大漠沙如雪，燕山月似钩。——李贺《马诗》

34. 沧海月明珠有泪，蓝田日暖玉生烟。——李商隐《锦瑟》

35. 春宵一刻值千金，花有清香月有阴。——苏轼《春宵》

1. 等闲识得东风面，万紫千红总是春。——朱熹《春日》

2. 春眠不觉晓，处处闻啼鸟。——孟浩然《春晓》

3. 好雨知时节，当春乃发生。——杜甫《春夜喜雨》

4. 小楼一夜听春雨，深巷明朝卖杏花。——陆游《临安春雨初霁》

5. 无意苦争春，一任群芳妒。——陆游《卜算子·咏梅》

6. 春风得意马蹄疾，一日看尽长安花。——孟郊《登科后》

7. 春色满园关不住，一枝红杏出墙来。——叶绍翁《游园不值》

夜

1. 随风潜入夜，润物细无声。——杜甫《春夜喜雨》

2. 夜来风雨声，花落知多少。——孟浩然《春晓》

3. 昨夜星辰昨夜风，花楼西畔桂堂东。——李商隐《无题》

4. 今夜不知何处宿，平沙万里绝人烟。——岑参《碛中作》

5. 昨夜西风凋碧树，独上高楼，望尽天涯路。——晏殊《蝶恋花》

6. 今夜偏知春气暖，虫声新透绿窗纱。——刘方平《月夜》

7. 小楼一夜听春雨，深巷明朝卖杏花。——陆游《临安春雨初霁》

8. 夜阑卧听风吹雨，铁马冰河入梦来。——陆游《十一月四日风雨大作二首》

9. 夜来幽梦忽还乡，小轩窗，正梳妆。——苏轼《江城子》

10. 借问梅花何处落，风吹一夜满关山。——高适《塞上听吹箫》

11. 姑苏城外寒山寺，夜半钟声到客船。——张继《枫桥夜泊》

12. 寒雨连江夜入吴，平明送客楚山孤。——王昌龄《芙蓉楼送辛渐》

13. 烟笼寒水月笼沙，夜泊秦淮近酒家。——杜牧《泊秦淮》

14. 可怜九月初三夜，露似珍珠月似弓。——白居易《暮江吟》

15. 细草微风岸，危樯独夜舟。——杜甫《旅夜书怀》

16. 况此残灯夜，独宿在空堂。——白居易《夜雨》

17. 夜阑风静縠纹平。小舟从此逝，江海寄余生。——苏轼《临江仙·夜饮东坡醒复醉》

18. 角声满天秋色里，塞上燕脂凝夜紫。——李贺《雁门太守行》

19. 昨夜风兼雨，帘帏飒飒秋声。——李煜《乌夜啼·昨夜风兼雨》

20. 琵琶一曲肠堪断，风萧萧兮夜漫漫。——岑参《凉州馆中与诸判官夜集》

1. 人生自古谁无死，留取丹心照汗青。 文天祥《过零丁洋》

2. 人间四月芳菲尽，山寺桃花始盛开。——白居易《大林寺桃花》

3. 人生得意须尽欢，莫使空樽金对月。——李白《将进酒》

4. 人生天地间，忽如远行客。——《古诗十九首·青青陵上柏》

5. 人烟寒橘柚，秋色老梧桐。——李白《秋登宣城谢朓北楼》

1. 山外青山楼外楼，西湖歌舞几时休。——林升《题临安邸》

2. 男儿何不带吴钩，收取关山五十州。——李贺《南园十三首》（其五）

3. 青山依旧在，几度夕阳红。——杨慎《临江仙》（滚滚长江东逝水）

4. 但使龙城飞将在，不教胡马度阴山。——王昌龄《出塞》

5. 青山横北郭，白水绕东城。——李白《送友人》

6. 远上寒山石径斜，白云深处有人家。——杜牧《山行》

7. 钟山风雨起苍黄，百万雄师过大江。——毛泽东《七律·人民解放军占领南京》

8. 只在此山中，云深不知处。——贾岛《寻隐者不遇》

9. 千里莺啼绿映红，水村山郭酒旗风。——杜牧《江南春绝句》

10. 一往情深深几许，深山夕照深秋雨。——纳兰性德《蝶恋花·出塞》

11. 不识庐山真面目，只缘身在此山中。——苏轼《题西林壁》

12. 相看两不厌，只有敬亭山。——李白《独坐敬亭山》

1. 黄河远上白云间，一片孤城万仞山。——王之涣《凉州词》（二首其一）

2. 不畏浮云遮望眼，自缘身在最高层。——王安石《登飞来峰》

3. 千里黄云白日曛，北风吹雁雪纷纷。——高适《别董大》

4. 黑云翻墨未遮山，白雨跳珠乱入船。——苏轼《六月二十七日望湖楼醉书》

5. 晴空一鹤排云上，便引诗情到碧霄。——刘禹锡《秋词》

6. 黑云压城城欲摧，甲光向日金鳞开。——李贺《雁门太守行》

7. 云想衣裳花想容，春风拂槛露华浓。——李白《清平调词》(三首其一)

8. 曾经沧海难为水，除却巫山不是云。——元稹《离思》（五首其四）

9. 一枝红艳露凝香，云雨巫山枉断肠。——李白《清平调词》（三首其二）

10. 三十功名尘与土，八千里路云和月。——岳飞《满江红》

11. 云青青兮欲雨，水澹澹兮生烟。——李白《梦游天姥吟留别》

12. 好风凭借力，送我上青云。——曹雪芹《临江仙》

13. 明月出天山，苍茫云海间。——李白《关山月》

14. 野径云俱黑，江船火独明。——杜甫《春夜喜雨》

15. 朝辞白帝彩云间，千里江陵一日还。——李白《早发白帝城》

16. 黄鹤一去不复返，白云千载空悠悠。——崔颢《黄鹤楼》

17. 长风破浪会有时，直挂云帆济沧海。——李白《行路难·其一》

1. 天若不爱酒，酒星不在天。

2. 地若不爱酒，地应无酒泉。——李白《月下独酌四首》（其二）

3. 对酒当歌，人生几何，譬如朝露，去日苦多。——曹操《短歌行》

4. 桃李春风一杯酒，江湖雨夜十年灯。——黄庭坚《寄黄几复》

5. 对酒当歌，强乐还无味。——柳永《蝶恋花》

6. 金樽清酒斗十千，玉盘珍馐直万钱。——李白《行路难三首》（其一）

7. 浊酒一杯家万里，燕然未勒归无计。——范仲淹《渔家傲·秋思》

8. 明月楼高休独倚，酒入愁肠，化作相思泪。——范仲淹《苏幕遮·怀旧》

9. 岑夫子，丹丘生，将进酒，杯莫停。

陈王昔时宴平乐，斗酒十千恣欢谑。

五花马，千金裘，呼儿将出换美酒，与尔同销万古愁。——李白《将进酒》

10. 劝君更尽一杯酒，西出阳关无故人。——王维《送元二使安西》

11. 新丰美酒斗十千，咸阳游侠多少年。——王维《少年行四首》（其一）

1. 远看山有色，近听水无声。——王维《画》

2. 青山横北郭，白水绕东城。——李白《送友人》

3. 山重水复疑无路，柳暗花明又一村。——陆游《游山西村》

4. 春寒赐浴华清池，温泉水滑洗凝脂。——白居易《长恨歌》

5. 天阶夜色凉如水，坐看牵牛织女家。——杜牧《秋夕》

6. 京口瓜洲一水间，钟山只隔数重山。——王安石《泊船瓜洲》

7. 一道残阳铺水中，半江瑟瑟半江红。——白居易《暮江吟》

8. 千里莺啼绿映红，水村山郭酒旗风。——杜牧《江南春·千里莺啼绿映红》

9. 水光潋滟晴方好，山色空蒙雨亦奇。——苏轼《饮湖上初晴后雨二首》

10. 孤山寺北贾亭西，水面初平云脚低。——白居易《钱塘湖春行》

11. 银瓶乍破水浆迸，铁骑突出刀枪鸣。——白居易《琵琶行/琵琶引》

12. 恰似一江春水向东流。——李煜《虞美人》

13. 花自飘零水自流。——李清照《一剪梅·红藕香残玉簟秋》

14. 水何澹澹，山岛竦峙。——曹操《观沧海/碣石篇》

15. 日日思君不见君，共饮长江水。——李之仪《卜算子·我住长江头》

1. 今我来思，雨雪霏霏。——佚名《采薇》

2. 好雨知时节，当春乃发生。——杜甫《春夜喜雨》

3. 空山新雨后，天气晚来秋。——王维《山居秋暝》

4. 寒雨连江夜入吴，平明送客楚山孤。——王昌龄《芙蓉楼送辛渐二首》

5. 天街小雨润如酥，草色遥看近却无。——韩愈《初春小雨》

6. 渭城朝雨浥轻尘，客舍青青柳色新。——王维《渭城曲》

7. 清明时节雨纷纷，路上行人欲断魂。——杜牧《清明》

8. 小楼一夜听春雨，深巷明朝卖杏花。——陆游《临安春雨初霁》

9. 东边日出西边雨，道是无晴却有晴。——刘禹锡《竹枝词二首·其一》

10. 此身合是诗人未？细雨骑驴入剑门。——陆游《剑门道中遇微雨》

11. 寒蝉凄切，对长亭晚，骤雨初歇。——柳永《雨霖铃·寒蝉凄切》

12. 南朝四百八十寺，多少楼台烟雨中。——杜牧《江南春》

13. 帘外雨潺潺，春意阑珊。——李煜《浪淘沙令》

14. 昨夜雨疏风骤，浓睡不消残酒。——李清照《如梦令》

15. 高楼目尽欲黄昏，梧桐叶上潇潇雨。——晏殊《踏莎行·碧海无波》

16. 东风夜放花千树。更吹落、星如雨。——辛弃疾《青玉案·元夕》

1. 蓬山此去无多路，青鸟殷勤为探看。——李商隐《无题·相见时难别亦难》

2. 三十功名尘与土，八千里路云和月。——岳飞《满江红·写怀》

3. 春风十里扬州路，卷上珠帘总不如。——杜牧《赠别二首》

4. 昨夜西风凋碧树，独上高楼，望尽天涯路。——晏殊《蝶恋花·槛菊愁烟兰泣露》

5. 斜月沉沉藏海雾，碣石潇湘无限路。——张若虚《春江花月夜》

6. 落日塞垣路，风劲戛貂裘。——黄庭坚《水调歌头·落日塞垣路》

7. 玉勒雕鞍游冶处，楼高不见章台路。——欧阳修《蝶恋花·庭院深深深几许》

8. 宝马雕车香满路。——辛弃疾《青玉案·元夕》

9. 连天衰草，望断归来路。——李清照《点绛唇·闺思》

10. 槲叶落山路，枳花明驿墙。——温庭筠《商山早行》

11. 天长路远魂飞苦，梦魂不到关山难。——李白《长相思·其一》

12. 千岩万转路不定，迷花倚石忽已暝。——李白《梦游天姥吟留别》

13. 雁来音信无凭，路遥归梦难成。——李煜《清平乐·别来春半》

1. 独在异乡为异客，每逢佳节倍思亲。——王维《九月九日忆山东兄弟》

2. 万里悲秋常作客，百年多病独登台。——杜甫《登高》

3. 但使主人能醉客，不知何处是他乡。——李白《客中行 / 客中作》

4. 十年前是尊前客，月白风清，忧患凋零。——欧阳修《采桑子·十年前是尊前客》

5. 门有万里客，问君何乡人。——曹植《门有万里客行》

6. 暮雨潇潇江上村，绿林豪客夜知闻。——李涉《井栏砂宿遇夜客》

7. 世味年来薄似纱，谁令骑马客京华。——陆游《临安春雨初霁》

8. 无情流水多情客，劝我如曾识。——苏轼《劝金船·无情流水多

情客》

9. 临邛道士鸿都客，能以精诚致魂魄。——白居易《长恨歌》

10. 儿童相见不相识，笑问客从何处来。——贺知章《回乡偶书二首·其一》

11. 梦里不知身是客，一晌贪欢。——李煜《浪淘沙令·帘外雨潺潺》

12. 移舟泊烟渚，日暮客愁新。——孟浩然《宿建德江》

13. 萧萧梧叶送寒声，江上秋风动客情。——叶绍翁《夜书所见》

1. 春风得意马蹄疾，一日看尽长安花。——孟郊《登科后》

2. 射人先射马，擒贼先擒王。——杜甫《前出塞九首·其六》

3. 乱花渐欲迷人眼，浅草才能没马蹄。——白居易《钱塘湖春行》

4. 想当年，金戈铁马，气吞万里如虎。——辛弃疾《永遇乐·京口北固亭怀古》

5. 山回路转不见君，雪上空留马行处。——岑参《白雪歌送武判官归京》

6. 九州生气恃风雷，万马齐喑究可哀。——龚自珍《己亥杂诗·其二百二十》

7. 还似旧时游上苑，车如流水马如龙。——李煜《忆江南·多少恨》

8. 饮马渡秋水，水寒风似刀。——王昌龄《塞下曲四首》

9. 人去秋千闲挂月，马停杨柳倦嘶风。——吴文英《望江南·三月暮》

10. 银鞍照白马，飒沓如流星。——李白《侠客行》

11. 马作的卢飞快，弓如霹雳弦惊。——辛弃疾《破阵子·为陈同甫赋壮词以寄之》

12. 草枯鹰眼疾，雪尽马蹄轻。——王维《观猎》

13. 晚春盘马踏青苔，曾傍绿荫深驻。——晏几道《御街行·街南绿树春饶絮》

1. 此情无计可消除，才下眉头，却上心头。——李清照《一剪梅·红藕香残玉簟秋》

2. 两情若是久长时，又岂在朝朝暮暮。——秦观《鹊桥仙·纤云弄巧》

3. 此情可待成追忆，只是当时已惘然。——李商隐《锦瑟》

4. 一面风情深有韵，半笺娇恨寄幽怀。——李清照《浣溪沙·闺情》

5. 不知乘月几人归，落月摇情满江树。——张若虚《春江花月夜》

6. 此夜曲中闻折柳，何人不起故园情。——李白《春夜洛城闻笛》

7. 萧萧梧叶送寒声，江上秋风动客情。——叶绍翁《夜书所见》

8. 骚人可煞无情思，何事当年不见收。——李清照《鹧鸪天·桂花》

9. 浅情终似，行云无定，犹到梦魂中。——晏几道《少年游·离多最是》

10. 南北驱驰报主情，江花边草笑平生。——戚继光《马上作》

11. 深知身在情常在，怅望江头江水声。——李商隐《暮秋独游曲江》

12. 多少襟情言不尽，写向蛮笺曲调中。此情千万重。——晏殊《破阵子·燕子欲归时节》

13. 渐写到别来，此情深处，红笺为无色。——晏几道《思远人·红叶黄花秋意晚》

楼

1. 昔人已乘黄鹤去，此地空余黄鹤楼。——崔颢《黄鹤楼》

2. 欲穷千里目，更上一层楼。——王之涣《登鹳雀楼》

3. 卷地风来忽吹散，望湖楼下水如天。——苏轼《六月二十七日望湖楼醉书》

4. 湖阔兼云雾，楼孤属晚晴。——杜甫《陪裴使君登岳阳楼》

5. 漠漠轻寒上小楼，晓阴无赖似穷秋。——秦观《浣溪沙·漠漠轻寒上小楼》

6. 楼头客子杪秋后，日落君山元气中。——陈与义《登岳阳楼二首》

7. 高楼送客不能醉，寂寂寒江明月心。——王昌龄《芙蓉楼送辛渐二首》

8. 溪云初起日沉阁，山雨欲来风满楼。——许浑《咸阳城东楼／咸阳城西楼晚眺》

9. 醉别西楼醒不记。春梦秋云，聚散真容易。——晏几道《蝶恋花·醉别西楼醒不记》

10. 未到江南先一笑，岳阳楼上对君山。——黄庭坚《雨中登岳阳楼望君山》

地

1. 巴山楚水凄凉地，二十三年弃置身。——刘禹锡《酬乐天扬州初逢席上见赠》

2. 碧云天，黄叶地。——范仲淹《苏幕遮·怀旧》

3. 怅寥廓，问苍茫大地，谁主沉浮。——毛泽东《沁园春·长沙》

4. 此地一为别，孤蓬万里征。——李白《送友人》

5. 地崩山摧壮士死，然后天梯石栈相勾连。——李白《蜀道难》

6. 锦江春色来天地，玉垒浮云变古今。——杜甫《登楼》

7. 卷地风来忽吹散，望湖楼下水如天。——苏轼《六月二十七日望湖楼醉书》

8. 况浩然者，乃天地之正气也，作正气歌一首。——文天祥《正气歌》

9. 雷惊天地龙蛇蛰，雨足郊原草木柔。——黄庭坚《清明》

10. 满地黄花堆积，憔悴损，如今有谁堪摘。——李清照《声声慢·寻寻觅觅》

11. 飘飘何所似，天地一沙鸥。——杜甫《旅夜书怀》

12. 羌管悠悠霜满地，人不寐，将军白发征夫泪。——范仲淹《渔家傲·秋思》

13. 四十年来家国，三千里地山河。——李煜《破阵子·四十年来家国》

14. 天南地北双飞客，老翅几回寒暑。——元好问《摸鱼儿·雁丘词/迈陂塘》

15. 天长地久有时尽，此恨绵绵无绝期。——白居易《长恨歌》

16. 蒌蒿满地芦芽短，正是河豚欲上时。——苏轼《惠崇春江晚景二首》

17. 问君何能尔，心远地自偏。——陶渊明《饮酒·其五》

18. 昔人已乘黄鹤去，此地空余黄鹤楼。——崔颢《黄鹤楼/登黄鹤楼》

1. 白日依山尽，黄河入海流。——王之涣《登鹳雀楼》

2. 百川东到海，何时复西归。——汉乐府《长歌行》

3. 沧海月明珠有泪，蓝田日暖玉生烟。——李商隐《锦瑟》

4. 嫦娥应悔偷灵药，碧海青天夜夜心。——李商隐《嫦娥》

5. 但觉平生湖海，除了醉吟风月，此外百无功。——辛弃疾《水调歌头·淳熙丁酉》

6. 海内存知己，天涯若比邻。——王勃《送杜少府之任蜀州》

7. 海日生残夜，江春入旧年。——王湾《次北固山下》

8. 海上生明月，天涯共此时。——张九龄《望月怀远/望月怀古》

9. 忽闻海上有仙山，山在虚无缥缈间。——白居易《长恨歌》

10. 鲸饮未吞海，剑气已横秋。——辛弃疾《水调歌头和马叔度游月波楼》

11. 君不见，黄河之水天上来，奔流到海不复回。——李白《将进酒》

12. 青海长云暗雪山，孤城遥望玉门关。——王昌龄《从军行七首》其四

1. 青青园中葵，朝露待日晞。——《长歌行》

2. 青山遮不住，毕竟东流去。——辛弃疾《菩萨蛮》

3. 青青子衿，悠悠我心。

青青子佩，悠悠我思。——《诗经·子衿》

4. 青海长云暗雪山，孤城遥望玉门关。——王昌龄《从军行》

5. 青山依旧在，几度夕阳红。——杨慎《临江仙》

6. 杨柳青青江水平，闻郎江上唱歌声。——刘禹锡《竹枝词》

7. 两岸青山相对出，孤帆一片日边来。——李白《望天门山》

8. 花褪残红青杏小，燕子飞时，绿水人家绕。——苏轼《蝶恋花》

9. 茅檐低小，溪上青青草。——辛弃疾《清平乐》

10. 白日放歌须纵酒，青春做伴好还乡。——杜甫《闻官军收河南河北》

11. 蜀道之难，难于上青天。——李白《蜀道难》

12. 黄梅时节家家雨，青草池塘处处蛙。——赵师秀《约客》

1. 天若有情天亦老，人间正道是沧桑。——毛泽东《七律·人民解放军占领南京》

2. 天苍苍，野茫茫，风吹草低见牛羊。——《敕勒歌》

3. 天长地久有时尽，此恨绵绵无绝期。——白居易《长恨歌》

4. 天生我材必有用，千金散尽还复来。——李白《将进酒》

5. 在天愿作比翼鸟，在地愿为连理枝。——白居易《长恨歌》

6. 念天地之悠悠，独怆然而涕下。——陈子昂《登幽州台歌》

7. 仰天大笑出门去，我辈岂是蓬蒿人。——李白《南陵别儿童入京》

8. 风急天高猿啸哀，渚清沙白鸟飞回。——杜甫《登高》

9. 不知天上宫阙，今夕是何年。——苏轼《水调歌头》

10. 同是天涯沦落人，相逢何必曾相识。——白居易《琵琶行》

11. 野旷天低树，江清月近人。——孟浩然《宿建德江》

12. 月落乌啼霜满天，江枫渔火对愁眠。——张继《枫桥夜泊》

13. 莫愁前路无知己，天下谁人不识君。——高适《别董大》

14. 枝上柳绵吹又少，天涯何处无芳草。——苏轼《蝶恋花》

15. 不敢高声语，恐惊天上人。——李白《题峰顶寺》

16. 一曲新词酒一杯，去年天气旧亭台。——晏殊《浣溪沙》

17. 落霞与孤鹜齐飞，秋水共长天一色。——王勃《滕王阁序》

18. 待从头，收拾旧山河，朝天阙。——岳飞《满江红》

19. 飞流直下三千尺，疑是银河落九天。——李白《望庐山瀑布》

20. 古道西风瘦马，夕阳西下，断肠人在天涯。——马致远《天净沙·秋思》